化学分离提纯技术

于海涛　林　进　蔡文生　王风臣　编

HUAXUE FENLI
TICHUN JISHU

化学工业出版社
·北京·

本书详细介绍了有机物分离提纯的基本知识和实验操作技巧。主要内容包括萃取、重结晶与沉淀、蒸馏、薄层色谱、纸色谱和柱色谱等分离技术。

本书既可作为高等院校化学、化工、医药和食品等专业高年级本科生和低年级研究生的参考书，也可供从事有机合成、石油化工、精细化工、医药、农药、染料以及新材料研发等领域的科技人员参考。

图书在版编目（CIP）数据

化学分离提纯技术/于海涛，林进，蔡文生，王风臣编. —北京：化学工业出版社，2011.11（2025.6 重印）

ISBN 978-7-122-12361-9

Ⅰ.化… Ⅱ.①于…②林…③蔡…④王… Ⅲ.①化工过程-分离②化工过程-提纯 Ⅳ.TQ028

中国版本图书馆 CIP 数据核字（2011）第 194381 号

责任编辑：成荣霞　　文字编辑：林　媛

责任校对：王素芹　　装帧设计：王晓宇

出版发行：化学工业出版社（北京市东城区青年湖南街 13 号　邮政编码 100011）

印　　装：北京虎彩文化传播有限公司

710mm×1000mm　1/16　印张 11½　字数 173 千字

2025 年 6 月北京第 1 版第 6 次印刷

购书咨询：010-64518888　　售后服务：010-64518899

网　　址：http://www.cip.com.cn

凡购买本书，如有缺损质量问题，本社销售中心负责调换。

定　　价：49.00 元

前言

对于组分复杂的混合物，如果不能对其进行有效的分离纯化，就很难对其所含的组分进行准确的定性、定量分析和结构确证。分离提纯技术是化学实验的基础技术，在化学制备实验中发挥着十分重要的作用，有机物的分离提纯不仅需要有化学理论基础，而且更需要一些实验和经验技巧，学习分离提纯技术是培养与提高实验技能的重要内容。具有熟练的分离提纯操作技术，是进行医药、化工和化学研发的重要前提。

随着科技的进步，化合物分离仪器（例如气相色谱和高压液相色谱等）性能越来越完善，但在进行研发过程中分离提纯化合物时，萃取、蒸馏、重结晶、薄层色谱和柱色谱仍是难以替代的方法。因此，分离提纯技术不仅是化学学科，而且也是生命、环境和农业等学科必不可少的技术手段。

作者结合多年来的科研和教学工作实践，并参阅了大量国内外期刊、专著及一些网络资料，经综合提炼编写而成本书，奉献给读者。本书注重实用性和可操作性，对理论部分尽量少涉及，旨在为广大读者提供较系统和较全面的分离提纯实验技巧和实用技能。本书共6章，其中第1章由于海涛和蔡文生共同编写，第2章由林进和蔡文生共同编写，第3、4章由林进编写，第5、6章由于海涛编写，王风臣负责有关资料的收集和整理，全书最后由于海涛统一修改并定稿。

在本书编写成稿过程中，得到了化学工业出版社相关编辑的热情鼓励和大力支持，在此深表感谢。

限于作者水平，书中不妥之处难以避免，敬希读者批评指正！

编者

2011年8月

目　录

第 1 章　萃取技术

萃取（extraction）是从固体或液体混合物中分离所需有机化合物最常用的操作。萃取是人类较早掌握的一种分离提纯技术，大家习以为常的泡茶、熬中药，实际上都是一种萃取操作。萃取广泛用于天然产物中各种生物碱、脂肪、蛋白质、芳香油和中草药的有效成分的分离。萃取技术也可以用于有机产品的纯化，如有机反应产物的分离，通过萃取从混合物中分离提纯得到单一产品，这是在有机实验室中非常普遍的实验操作。

萃取技术按其方法可分为液-液萃取、液-固萃取、固相萃取、膜萃取、超声波辅助萃取、微波辅助萃取和超临界流体萃取。

1.1　液-液萃取

1.1.1　基本原理

设溶液由有机化合物 X 溶解于溶剂 A 而成，现要从其中萃取 X，可选择一种对 X 溶解度极好，而与溶剂 A 不相混溶和不起化学反应的溶剂 B。把溶液放入分液漏斗中，加入溶剂 B，充分振荡。静置后，由于 A 与 B 不相混溶，混合物分成两层。此时 X 在 A、B 两相间的浓度比，在一定温度下，为一常数，叫做分配系数，以 K 表示，这种关系叫分配定律。用公式表示（注意：分配定律是假定所选用的溶剂 B，不与 X 起化学反应时才适用的）为：

$$\frac{\text{X 在溶剂 A 中的浓度}}{\text{X 在溶剂 B 中的浓度}}=K\text{（分配系数）}$$

分配定律是萃取方法最主要的理论。物质在不同的溶剂中有着不同的溶解度。一定温度下，在两种互不相溶的溶剂中，物质的分子在此两种溶液中不发生分解、电离、缔合和溶剂化等作用时，则此物质在两种溶液内浓度的比是一个定值，不论所加物质的量是多少都是如此。

液-液萃取就是利用有机化合物在两种不相溶（或微溶）的溶剂中的溶解度或分配比不同而得到分离。可用与水不互溶的有机溶剂从水溶液中萃取有机化合物来说明。在一定温度下，有机物在有机相中浓度比为一常数。若 c_o 表示有机物在有机相中的浓度（mol/mL），c_a 表示有机物在水中的浓度（mol/mL）。温度一定时，$c_o/c_a=K$，K 是一常数，称为"分配系数"。它可以被近似地认为是有机物在两溶剂中的溶解度之比。由于有机物在有机溶剂中溶解度比在水中大，因而可以用有机溶剂将有机物从水中萃取出来。

用一定量的溶剂一次或分几次从水中萃取有机物，并比较其萃取效率。根据分配定律，即可求出每次提取出的物质的量，也可算出经萃取后的剩余量。

例如：计算 8g 溶质溶于 500mL 水中，用 500mL 乙醚萃取的情况（在常温下，溶质在该体系的分配系数是 3.0）。

如果用 500mL 乙醚一次萃取，设 x 为留在水相中的溶质质量：

$$K=c_o/c_a=3.0=\frac{(8.0-x)/500}{x/500}$$

由上式，可得 $x=2.0$。这说明用 500mL 乙醚一次萃取后，留在水相中的溶质为 2.0g，萃取到乙醚层的溶质为 6.0g。

如果用 500mL 乙醚分两次萃取，每次用 250mL，设 x_1 为第一次萃取后留在水相中的溶质质量；x_2 为第二次萃取后留在水相中的溶质质量：

$$K=c_o/c_a=3.0=\frac{(8.0-x_1)/250}{x_1/500} \quad K=c_o/c_a=3.0=\frac{(x_1-x_2)/250}{x_2/500}$$

由上式，可得 $x_1=3.20$，这说明用 250mL 乙醚萃取后，留在水相中的溶质为 3.20g，萃取到乙醚层的溶质为 4.80g。$x_2=1.28$，这说明用 250mL 乙醚第二次萃取后，留在水相中的溶质为 1.28g，已有 6.72g 溶质被萃取到乙醚层。

如果用 500mL 乙醚分五次萃取，每次用 100mL，经过计算可以知道：7.54g 溶质会被萃取到乙醚层。说明当用同样多的溶剂分多次萃取比一次萃取的效果要好，这一点十分重要，它是提高分离效率的有效途径。一般的化合物经过三次萃取，基本上就可以得到较充分的分离。

简单萃取过程为：将萃取剂加入到混合液中，使其互相混合，因溶质在两相间的分配未达到平衡，而溶质在萃取剂中的平衡浓度高于其在原溶液中的浓度，于是溶质从混合液向萃取剂中扩散，使溶质与混合液中的其他组分分离，因此，萃取是两相间的传质过程。用萃取方法分离混合液时，混合液中的溶质既可以是挥发性物质，也可以是非挥发性的物质。

另一类液-液萃取原理是利用它能与被萃取物质起化学反应。这种萃取常用于从化合物中移去少量杂质或分离混合物，这类萃取剂一般用5%氢氧化钠、5%或10%的碳酸钠、碳酸氢钠溶液、稀盐酸、稀硫酸等。碱性萃取剂可以从有机相中移出有机酸，或从有机溶剂（其中溶有有机物）中除去酸性杂质（成盐溶于水中）。反之，酸性萃取剂可从混合物中萃取碱性物质（杂质）等（实验方案如图1-1所示）。例如：苯甲酸、苯酚、苯胺和萘的混合物的分离。

将这四种有机物溶于乙醚，所得醚溶液和饱和的碳酸氢钠（弱碱）溶液振摇。只有苯甲酸（强酸）发生反应形成苯甲酸钠（盐），这种盐可以溶于水被除去。现在醚层就剩下苯酚、苯胺和萘，加入10%氢氧化钠水溶液并振摇此混合物，只有苯酚（弱酸）能够和氢氧化钠（强碱）发生反应，生成能够溶于水的苯酚钠，分去水层后，醚层就只含有苯胺和萘。向醚层加入稀盐酸并充分混合，苯胺就会形成盐酸盐溶于水层。将醚层旋干，就得到萘（中性化合物）。另外三种化合物可以通过向苯甲酸钠水溶液、苯酚钠水溶液中加酸和向苯胺盐酸盐的水溶液中加碱的方法得到苯甲酸、苯酚和苯胺。

1.1.2 萃取方法及操作技巧

常用提取方法有多次提取方法和连续萃取方法。多次提取为小量萃取，可在分液漏斗中进行，是实验室中最常用的操作萃取法；如系中量萃取，可在较大的适当的下口瓶中进行，在工业生产中大量萃取，多在密闭萃取罐内进行，用搅拌机搅拌一定时间，使二溶液充分混合，再放置令其分层，有时将两相溶液喷雾混合，以增大萃取接触，提高萃取效率；连续萃取在连续萃取仪中进行，主要用于提取某些在溶液中溶解度极大的物质。

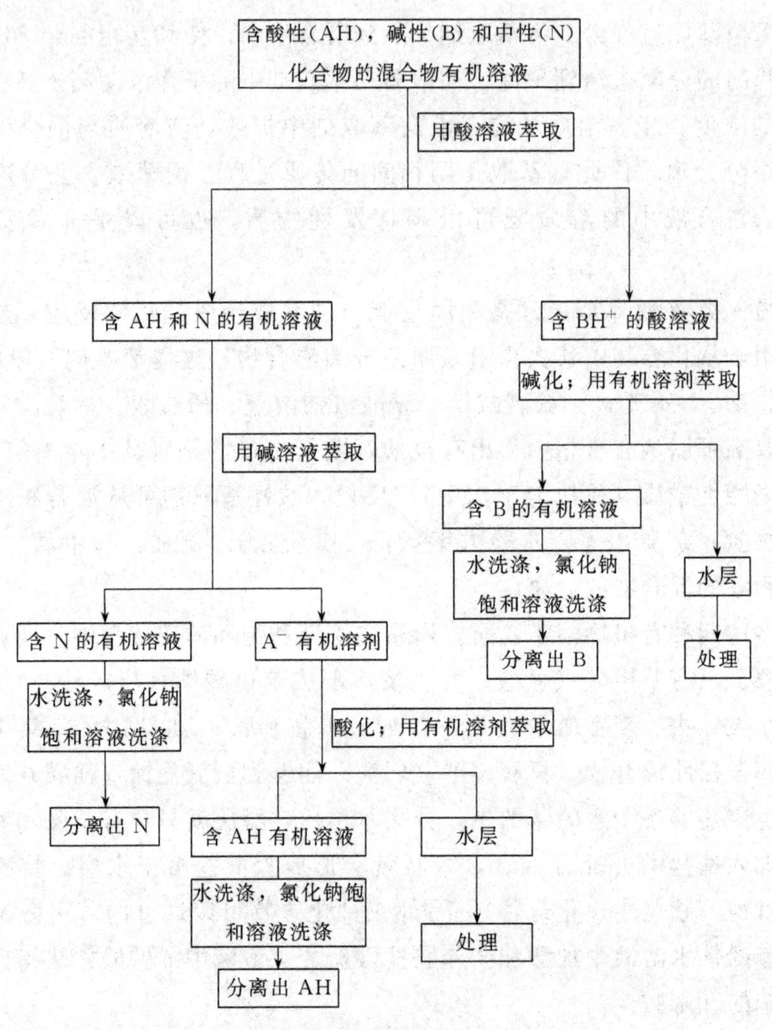

图 1-1　混合有机溶液的分离

1.1.2.1　多次提取方法

使用前须在分液漏斗下部玻璃活塞上涂凡士林（凡士林通常会溶于所用的萃取剂，如果被萃取物量比较少的话，凡士林会污染被萃取物，这时应避免使用凡士林，可用萃取溶剂润滑玻璃塞或是使用带有聚四氟乙烯活塞的分液漏斗），然后于分液漏斗中放入水摇荡，检查两个塞子处是否漏水，确认不漏时，再使用。萃取进行时，先将分液漏斗置于固定在铁架台上的铁圈中，关好活塞。取下塞子，从分液漏斗的上口将被萃取的溶液倒入分液漏斗中，然后加入萃取剂（一般为溶液的1/3)。塞紧塞子，取下漏斗。右手握住漏斗口颈，并用右手的手掌顶住塞子；左手握在漏斗活塞处，拇指压紧活塞。然后，把漏斗放平或向下倾斜，小心振荡。开始振荡时要慢，振荡几次后把漏斗下口向上倾斜，开启活塞排气。几次摇荡、放气后，把漏斗架在铁圈上，并把上口塞子上的小槽对准漏斗口颈上的通气孔（如果上口塞子上无小槽，应把塞子取下)，见图1-2。

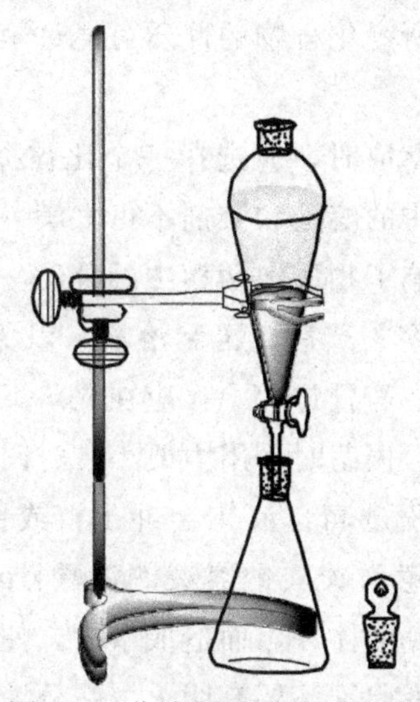

图1-2 分液漏斗分离有机物

振摇后，要充分静置。完全分层后再分离（若有乳化现象出现，破乳后，再分离)。将两层液体分开时，按照下层液体由下部支管放出，上层液体应由上口倒出的原则。如果上层液体也经过活塞放出，则漏斗下口部所附着的残液就会把上层液体污染。

如果产物有水溶性（含有较多极性基团)，就应该用乙醚或乙酸乙酯反向萃取水层，以避免过多产物流失在水相中。可以使用TLC检测是否所有产物已经从水相中被萃取出。

洗涤萃取液以除去杂质，洗涤相的体积通常是有机相体积的1/10～1/2。最好重复洗涤2～3次。酸洗（通常用10%HCl）可以除去胺，碱洗（通常用饱和 $NaHCO_3$ 或10%NaOH）可以除去酸性杂质。大多数情况下，当杂质既非酸性又非碱性时，可用蒸馏水洗涤，以除去各种无机杂质。在结束阶段进行盐洗（饱和NaCl溶液)，可以除去溶于有机相中的水，起到“干燥”有机层的作用。

合并所有萃取液，并加入微过量的干燥剂，干燥之。用叠好的滤纸和大漏斗（或布氏漏斗）将溶液滤入大的圆底烧瓶（不能用减压吸滤）。如果使用了沸点较高的溶剂，旋转蒸发浓缩溶液，然后将产物溶解在少量低沸点溶剂中，并将其转入一个稍小的圆底烧瓶中，再次旋转蒸发浓缩溶液。通过浓缩、加入溶剂，然后重复几次操作，高沸点的溶剂可被有效地除去。除溶剂后，根据所得化合物的性质可通过蒸馏、重结晶的方法进一步纯化。

萃取操作应注意：萃取时，应选择一个比被提取溶液体积大1～2倍的分液漏斗。分液漏斗中的溶液和溶剂不可太满，否则，振摇时不能使溶液和溶剂充分接触，影响了物质在两相中的分配，降低了萃取效率；一定要确认已将漏斗下部活塞关严后，再装溶液，以免溶液流失，影响产率，同时，溶液倒入前，或在静置过程中，应在漏斗下方，置一烧瓶作为接收瓶，以备搞错时，补救；振荡时，用力要小，时间要短，应边摇边及时排气，否则，分液漏斗内压过高，液体会冲出，或欲静置时，塞子跳落打碎，造成损失。特别注意用碳酸钠溶液洗涤酸性液体，因有二氧化碳产生，更应及时排气，以免液体冲出而造成事故。使用乙醚等易燃、易挥发溶剂萃取时，应特别注意周围不要有明火。在分液漏斗放出液体之前，记住首先应打开塞子。萃取或洗涤过程中，上下两层液体都应保留至实验完毕时，否则，如果中间的操作失误，便无法补救。

1.1.2.2 连续萃取方法

实验室中亦常用连续提取方法，主要用于提取某些物质在溶液中的溶解度极大，用分次提取效率很差的情况。它是利用一套仪器，使溶剂在进行提取后，自动流入加热器中。蒸发成为气体，遇冷凝器复成液体，再进行提取，如此循环，即能提出绝大部分的物质。此法的提取效率甚高，溶剂用量很少。该法不适用于因受热分解或变色的物质。

选择连续提取方法时，需视所用溶剂的密度大于或小于被提取溶液密度的情况，而采用不同式样的仪器，但都是基于同一原理。图1-3(a)为用轻溶剂连续提取的装置，图1-3(b)为用重溶剂连续提取的装置。

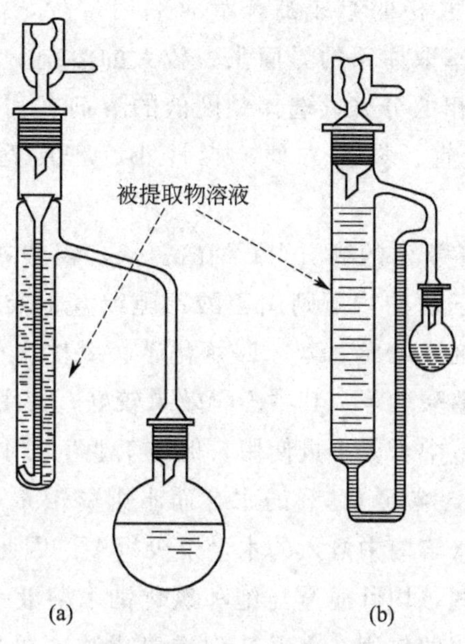

图 1-3 连续提取装置

1.1.3 萃取溶剂的选择

有机物的溶解规律：极性有机化合物，包括易形成氢键的化合物或盐类，通常溶于水而不溶于非极性或弱极性有机溶剂；非极性或弱极性有机化合物则不溶于水，但可溶于非极性和弱极性有机溶剂。极性和非极性有机混合物，如丙醇和溴丙烷混合物，可加入水萃取丙醇；马来酸酐和马来酸混合物，可加入苯萃取马来酸酐。对于极性相差不大的混合物（如羧酸、酚、胺和酮的混合物），应选择合适的萃取条件，使混合物中某些组分与其他组分性质有较大的差别，同时选择合适的溶剂进行萃取。溶剂对萃取分离效果的影响很大，溶质在溶剂中的溶解符合“相似相溶”规律，待提取成分与溶剂的分子极性越相似，其溶解度越大。

被分离物质在萃取剂与原溶液两相间的平衡关系是选择萃取剂首先应考虑的问题。一般从水中萃取有机物，要求溶剂在水中溶解度很小或几乎不溶；被萃取物在溶剂中要比在水中溶解度大；对杂质溶解度要小；溶剂化学稳定性好，不易分解和聚合，与水和被萃取物都不反应；溶剂沸点不宜过高，萃取后溶剂应易于与溶质分离和回收；溶剂的分配系数要大，这样被萃取组分在萃取相的组成高，萃取剂用量少，溶质容易被萃取出来；一般宜选择使萃取体系的界面张力较大的溶剂，细小的液滴比较容易聚结，有利于两相的分离；选择黏度低的溶剂有利于两相的混合与分层。此外，价格便宜、操作方便、毒性小、密度适当也是应考虑的条件。

一般地讲，难溶于水的物质用石油醚提取；较易溶于水的物质，用乙醚或苯萃取；易溶于水的物质则用乙酸乙酯或其他类似溶剂萃取效果较好。经常使用的溶剂有乙醚、苯、四氯化碳、氯仿、石油醚、二氯甲烷、氯乙烷、正丁醇、醋酸酯等。其中乙醚效果较好，使用乙醚的最大缺点是容易着火，在实验室中可以小量使用，但在工业生产中不宜使用。乙醚在室温时，按质量计能溶入1.5%的水，而水则能溶入7.5%乙醚。然而，乙醚从饱和氯化钠水溶液中溶入的水量要少得多。因此，在乙醚中的大部分水，或水中的乙醚，均可通过与饱和氯化钠水溶液一起振摇予以除去。任何盐都有与此相似的作用，但并非都像氯化钠这样便宜或极易溶于水。一种高离子强度的溶液通常不能与有机溶剂相溶，从而促使有机层与水层分离。

1.1.4 分液时会遇到的问题

(1) 分液漏斗中液体发暗，看不清界面　如果遇到这种情况，可以把分液漏斗拿到正对阳光的地方或在分液漏斗后放置一个台灯，以便能够观察到液体的分界面。如果这样还不行的话，那就将液体从分液漏斗下口慢慢放出，注意观察液体流的变化，由于液体表面张力的不同或黏度的不同，上下两层液体流出时会有所不同。

(2) 分液漏斗中液体是清澈的，但观察不到界面　这可能是由于两种液体的折射率相似，它们看起来一样。这时可以向分液漏斗中加入少量活性炭，振荡分液漏斗后，活性炭会浮在密度较大的液体上面，这样就很容易看清界面了。

(3) 分液漏斗中液体界面观察到不溶物　这是很常见的现象，分液时不可避免地会将这些不溶物带入其中一层或两层都会有，这时可以在后面处理过程中通过过滤除掉。

(4) 分液时出现乳化现象　乳浊液是一种液体分散在另一种液体形成

的亚稳态，与溶剂的特性，如表面张力等有关。在提取某些含有碱性或表面活性较强的物质时（如蛋白质、长链脂肪酸、皂苷等），或溶液经强烈摇振后，易出现乳化，使溶液不能分层或不能很快分层的现象。可能是由于两相分界之间存在少量轻质的不溶物；可能两液相交界处的表面张力小或由于两液相密度相差太小；碱性溶液（例如氢氧化钠等）能稳定乳状液的絮状物而使分层更困难。

采取如下措施破乳：采取长时间静置；利用盐析效应，在水溶液中先加入一定量电解质（如氯化钠）或加饱和食盐水溶液，以提高水相的密度，同时又可以减少有机物在水相中的溶解度；加入有机稀释剂，滴加数滴醇类化合物（如乙醇或异丙醇），改变表面张力；加热破坏乳状液（注意防止易燃溶剂着火）；过滤除去少量轻质固体物（必要时可加入少量吸附剂，滤除絮状固体）；如若在萃取含有表面活性剂的溶液时形成乳状溶液，当实验条件允许时，可小心地改变 pH 值，使之分层；当遇到某些有机碱或弱酸的盐类，因在水溶液中能发生一定程度解离，很易被有机溶剂萃取出水相，为此，在溶液中要加入过量的酸或碱，既能破乳又能达到顺利萃取之目的；避免过于激烈的振荡，遇到轻度乳化，可将溶液在分液漏斗中轻轻旋摇，或缓缓地搅拌，对破乳有时会有帮助。还应避免使用某些易形成乳状液的溶剂，如苯、氯仿和二氯甲烷等。也可以让乳浊液流过多孔物质（如 Celite）过滤或通过离心的方法来破乳。

如果通过先前的实验已知一溶液有形成乳浊液的倾向，那么混合时应该缓慢，振摇时也不宜剧烈，要用缓缓的旋摇进行萃取而不要振摇，或者用缓缓地将分液漏斗翻转数次的办法也行，总之，在这些情况中都切忌剧烈振摇分液漏斗。

(5) 有机层蒸去溶剂得不到产物　分液后所得有机层经过干燥后，在将溶剂旋蒸除去后，得不到产物或得到很少量产物。这可能并不是实验不成功，而是将产物留在了最初分液时的水层里了。也许产物的极性比较大使其能够部分溶于水中，所用有机溶剂没能将其萃取出来（所以，建议在进行分液时，一定要保留各层液体直至确保得到产物）。这时就要选用极性更大的有机溶剂来萃取［常用溶剂极性增加的顺序是：石油醚（己烷）＜甲苯＜乙醚＜二氯甲烷＜乙酸乙酯］，当然，降低有机物在水中溶解度的最简单的办法就是向水中加入 NaCl 固体。

1.1.5 液体的干燥及干燥剂的选择

在蒸掉溶剂和进一步提纯所萃取物质之前，常常需要用干燥剂从有机层除去水分。干燥溶液常用的干燥剂多是一些无水的无机盐或无机氧化物，它暴露于湿空气或湿溶液中时要获得水，而达到干燥之目的。氯化钙、硫酸镁和硫酸钠等是与水结合成水合物的干燥剂。五氧化二磷、氧化钙等是与水起化学反应，形成另一种化合物的干燥剂。

选择干燥剂时，首先必须考虑干燥剂和被干燥的物质的性质。能和被干燥物质起化学反应的以及能形成配合物的干燥剂，通常不能使用；干燥剂也不能溶解于被干燥物质的液体里；其次还要考虑干燥剂的干燥能力、干燥速度和价格等。

(1) 无水氯化钙　属于良好干燥剂，吸水能力强（30℃以下形成 $CaCl_2 \cdot 6H_2O$），价格便宜。但不能用于大多数含氧或含氮化合物，它会与醇、苯酚、酰胺和其他含羰基的有机物发生反应形成配合物。氯化钙除能吸水外，也能吸收甲醇和乙醇，因此它除了作为干燥剂外还对除去少量甲醇、乙醇溶剂有用处。工业无水氯化钙往往还含有一定量氢氧化钙，因此，这一干燥剂不能用于酸或酸性物质的干燥。

(2) 无水硫酸镁　是很好的中性干燥剂，吸水作用快，价格便宜。可用于干燥不能用氯化钙干燥的许多物质，如醛和某些酯。但镁离子有其缺点，它有时会导致化合物（例如环氧化物）发生重排反应。它本身是 Lewis 酸。无水硫酸镁由于是很细的粉末，所以在过滤时要比较小心处理。

(3) 无水碳酸钾　干燥能力一般（形成 $K_2CO_3 \cdot 2H_2O$ ），干燥速度慢，本身是碱，故可供干燥碱性溶液。一般用于水溶性醇和酮的初步干燥，但不能干燥酸性物质 。

(4) 无水硫酸钠　是最常用的干燥剂之一。它是中性的，而且很有效(32.4℃以下形成 $Na_2SO_4 \cdot 10H_2O$)，使用范围广，但它的吸水速度慢，且最后残留的少量水分不易除尽。因此常用于含水量较多的溶液的初步干燥，残留的少量水分再用其它强干燥剂除去。它还必须在室温时使用方会有效，它不能用于沸腾的溶剂。因为其水合物 $Na_2SO_4 \cdot 10H_2O$ 在 32.4℃就要分解。但其有自己的优点：由于为颗粒状，经过其干燥的溶剂，可以采用倾倒或用吸管吸出的方法使其分离出来，而不必采用过滤的方法；另外，当过量的水存在时，其易在容器底部聚集成块；当加入量足够时，它会分散在底部。这样就比较容易判断干燥剂加入量是否合适。

(5) 无水硫酸钙　干燥速度快，干燥得很完全，与水形成相当稳定的水合物（$2CaSO_4 \cdot H_2O$），但其吸水量低，一般用于第二次干燥用（即在无水硫酸镁、无水硫酸钠干燥后作最后干燥用）。

(6) 氧化钙　适用于低级醇的干燥。氧化钙和氢氧化钙均不溶于醇类，对热都很稳定，又不挥发，故不必从醇中除去，即可对醇进行蒸馏。由于呈碱性，所以不适合酸类和酯类化合物的干燥。

(7) 氢氧化钠与氢氧化钾　用于胺类的干燥比较有效。由于它们能与许多物质起反应（酸、酚、酯、酰胺等），也能溶于某些液体的有机化合物中，所以它的应用范围很有限。

(8) 金属钠　用于干燥乙醚、脂肪烃和芳香烃等。这些物质在用金属钠干燥前，首先要用无水氯化钙等干燥剂把其中大部分水分去除。使用时，金属钠要切成薄片，以增加钠与液体的接触面。

(9) 分子筛　用于吸附乙醚、乙醇、异丙醇和氯仿等有机溶剂中的少量水分。分子筛宜用于除去微量的水分，倘若水分过多。应先用其它干燥剂进行去水，然后再用分子筛干燥。新买来的分子筛使用前应先活化、脱水，温度为(500±10)℃，在常压下烘2h。温度过高或过低均会影响吸附量。超过600℃时，则分子筛的晶体结构会被破坏，从而降低或丧失其吸附能力。活化后的分子筛待冷至200℃左右，应立即取出存于干燥器备用。使用分子筛时，介质的pH值应控制在5～12之间。

一定量的不同干燥剂，并不全都吸收同样数量的水，它们也不会将溶液干燥到同样程度。如硫酸钠和硫酸镁均能吸收大量水（高容量）但是硫酸镁能将溶液干燥得更完全。

有几种观察法可判断溶液是否“干燥”：把干燥剂放入溶液或液体里，一起振荡，如果溶液是含水的，那么干燥剂通常总是结成团块，而且与瓶壁粘在一起。在一些极端的情况中，甚至可以看到干燥剂已溶解于在瓶底形成的水相中。如果溶液已基本不含水，那么干燥剂能在瓶底自由移动。无水的溶液则显得澄清透明，含水的溶液通常呈现浑浊 。

影响干燥剂的干燥效能的因素有很多，如温度、干燥剂用量、干燥剂颗粒大小、干燥剂与液体和气体接触时间等。干燥剂的用量不能过多，否则由于固体干燥剂的表面吸附，被干燥物质会有较多的损失；如果干燥剂用量太少，则加入的干燥剂便会溶解在所吸附的水中，在此情况下，可用吸管除去水层，再加入新的干燥剂。所用的干燥剂颗粒不要太大，但也不要呈粉状。颗粒太大，表面积减小，吸水作用不大；粉状干燥剂在干燥过程中容易成泥状，分离困难。温度越低，干燥剂的干燥效果越大。所以干燥应在室温下进行。干燥剂成为水合物需要有一个平衡过程，因此，液体有机物进行干燥时需放置一定时间。在蒸馏前，必须将干燥剂与溶液分离。

表 1-1 为各类有机物常用的干燥剂。

表 1-1　各类有机物常用的干燥剂

有机物	干　燥　剂
醇类	无水碳酸钾、无水硫酸镁、无水硫酸钙、生石灰
卤代烷、芳卤烃化物	无水氯化钙、无水硫酸钠、无水硫酸镁、无水硫酸钙、五氧化二磷
醚类、烷烃、芳香烃	无水氯化钙、无水硫酸钙、金属钠、五氧化二磷
醛类	无水硫酸钠、无水硫酸镁、无水硫酸钙
酮类	无水硫酸钠、无水硫酸镁、无水硫酸钙、无水碳酸钾
酯类	无水硫酸钠、无水硫酸镁、无水硫酸钙
有机碱(胺类)	固体氢氧化钾或氢氧化钠、生石灰、氧化钡
有机酸	无水硫酸钠、无水硫酸镁、无水硫酸钙

1.2　固-液萃取

1.2.1　基本原理

固-液萃取原理是利用萃取剂提取固体中的可溶组分（溶质）。因而溶质在固体中的分布情况将直接影响到固-液萃取的速率。若溶质均匀地分布在固体中，则靠近表面的溶质将最先溶解，而使固体残渣变成多孔性的结构。因此，当萃取剂和较内层的溶质接触之前，必须先透过外层向内渗透，这样，萃取过程就逐渐地变得困难，萃取速率逐渐下降。若溶质在固体中含量很高，则此多孔性的结构会很快松散，成为很细的不溶解的残渣，这时更多的萃取剂将很容易地接近溶质，使萃取进行得很充分。

1.2.2 萃取方法

一般来说，固-液萃取可由以下三个步骤组成：

(1) 固体表面层的溶质溶解于萃取剂中从固相进入液相；

(2) 固体内层溶质通过萃取剂从固体小孔中向颗粒外表面扩散；

(3) 溶质通过萃取剂从固体颗粒外表面向溶液主体中移动。

上述三个步骤中，哪一步进行的最慢，该步就成为固-液萃取速率的主要控制因素。第一步通常进行得很快，因此，在整个萃取过程中，对萃取速率的影响可以忽略。

在有些操作中，溶质在固体中含量较少，并分布在不易为萃取剂所渗透到的孔穴中；在这种情况下，应将固体加以粉碎，这样才能使尽可能多的溶质和萃取剂接触。如果固体物料为细胞组织（例如甜菜），则萃取速率一般是比较慢的，因为细胞壁对溶质的向外扩散产生附加的阻力。从甜菜中将糖分萃取出来时，其细胞壁就是一个很重要的控制因素，因此，应该将甜菜切碎以有利于萃取。

固-液萃取速率受哪一步骤控制，将直接影响到固-液萃取装置及操作条件的选择。例如，若第二步（即固体内层溶质通过萃取剂从固体小孔中向颗粒外表面扩散）是主要控制因素时，就必须将固体粉碎成细小的固体颗粒，因为颗粒越细，溶质从固体内部扩散到固体表面所移动的距离越短，同时，固液两相的接触面积增加了，与大颗粒比较，萃取速率就会提高。如果在固-液萃取中，第三步（溶质由颗粒表面向溶液主体中扩散）是控制因素时，则应将固-液混合物强烈搅拌，增加固体表面与溶剂间的浓度差，萃取速率会大大提高。

在实验室固-液操作中，常用提取方法有固-液分次萃取和固-液连续萃取。

1.2.2.1 固-液分次萃取

用溶剂一次次地将固体物质中的某个或某几个成分萃取出来，可直接将固体物质加于溶剂中浸泡一段时间，然后滤出固体再用新鲜溶剂浸泡，如此重复操作直到基本萃取完全后合并所有溶液，蒸馏回收溶剂，再用其他方法分离提纯。这种方法的萃取阶段很像民间“泡药酒”的方法，由于需用溶剂量大，费时长，萃取效率不高，实验室中较少使用。

热溶剂分次萃取效率高，可采用回流装置，将被萃取固体放在圆底烧瓶中，加入萃取剂，加热回流一段时间，用倾泻法或过滤法分出溶液，再加入新鲜溶剂进行下一次的萃取。

1.2.2.2 固-液连续萃取

在实验室里，从固体物质中萃取所需要的成分，通常是在如图 1-4 所示的 Soxhlet 提取器（索氏提取器，也叫脂肪提取器）中进行的。它利用溶剂回流及虹吸原理，使固体物质每次都能为纯的溶剂所浸润、萃取，因而效率较高又节省溶剂。萃取前将固体物质研细，装进一端用线扎好的商品化的滤纸筒里（或将滤纸卷成柱状，直径略小于提取筒的直径，一端用线扎紧也可以），轻轻压紧，再盖上一层直径略小于纸筒的滤纸片，以防

图 1-4　索氏提取器

止固体粉末漏出堵塞虹吸管。滤纸筒上口向内叠成凹形，滤纸筒的直径应略小于萃取器的内径，以便于取放。筒中所装的固体物质的高度应低于虹吸管的最高点，使萃取剂能充分浸润被萃取物质。

将装好了被萃取固体的滤纸筒放进萃取器中，萃取器的下端与盛有溶剂的圆底（或平底）烧瓶相连，上端接回流冷凝管。加热烧瓶使溶剂沸腾，蒸汽沿侧管上升进入回流冷凝管，被冷凝下来的溶剂不断地滴入滤纸筒的凹形位置。当萃取器内溶剂内的液面超过虹吸管的最高点，因虹吸作用萃取液自动流入圆底烧瓶中并再度被蒸发。如此循环往复，被萃取的成分就会不断地被萃取出来，并在圆底烧瓶中浓缩和富集，即得所要化合物粗品，再经重结晶或用其他方法分离纯化。

对受热易分解或变色的物质不宜采用；应用高沸点溶剂进行提取时，采用索氏提取器也是不合适的。

固-液萃取也可应用于无机物的分离，例如：氯化锂和其它碱金属元素的氯化物的分离，硝酸钙和其他碱土金属的硝化物分离。氯化钠和氯化钾在正己醇和2-乙基己醇中的溶解度很小，而氯化锂在这些溶剂中的溶解度较大，可以通过用这些溶剂萃取的方法将氯化锂从这三种氯化物的固体混合物中分离出来。与此类似，用1∶1的无水乙醇和乙醚的混合液，可以将硝酸钙从无水硝酸钡、硝酸钙和硝酸锶的固体混合物中萃取出来。

有时将溶于一种溶剂（通常是水）中的固体，萃取到另一种易挥发的溶剂（如醚、苯、氯仿和石油醚等）中有利于得到较纯的物质。例如：溶于水的水杨酸，由于其在水蒸气中的挥发性，很难通过蒸去溶剂的方法将其分离。如果将这种水溶液和少量的醚在分液漏斗中充分混合，大部分水杨酸会转移到醚层，分出上部的醚层，蒸去醚，就得到固体水杨酸。

1.3　固相萃取

1.3.1　基本原理

固相萃取（solid phase extraction，SPE）技术是基于液相色谱原理的一种分离、纯化方法，利用固体吸附剂吸附液体样品中的目标物，使目标物与样品的基体和干扰化合物分离，然后再用洗脱液洗脱或加热解吸附，达到分离和富集目标物的目的。固相萃取不需要大量互不相溶的溶剂，处理过程中不会产生乳化现象。因采用高效、高选择性的吸附剂（固定相），固相萃取能显著减少溶剂的用量，固相萃取的预处理过程简单，费用低。固相萃取是多种可行分析技术中的一种，它缩短了样品收集和分析步骤的距离。固相萃取技术很少需要别的样品准备阶段，比如，稀释或pH调整等。

固相萃取所用的吸附剂与色谱常用的固定相相同，只是在粒度上有所区别。正相固相萃取所用的吸附剂都是极性的，吸附剂极性大于洗脱液极性，用来萃取极性物质。在正相萃取时目标物如何保留在吸附剂上，取决于目标物的极性官能团与吸附剂表面的极性官能团之间的相互作用，其中包括了氢键、π-π 键、偶极-偶极、偶极-诱导偶极以及其他的极性-极性作用。反相固相萃取所用的吸附剂极性小于洗脱液极性，所萃取的目标物通常是中等极性到非极性化合物，目标物与吸附剂间的作用是疏水性相互作用，主要是非极性-非极性相互作用的色散力。离子交换固相萃取用的吸附剂是带有电荷的离子交换树脂，所萃取的目标物是带有电荷的化合物，目标物与吸附剂之间的相互作用是静电吸引力。

1.3.2 萃取方法

固相萃取过程可分为吸附和洗脱两个部分。在吸附过程中，当溶液通过吸附剂床时，由于吸附剂对目标物质的吸附能力大于对溶剂的吸附力，因此目标物质被选择性地吸附在吸附床上进行了富集。在此过程中由于共吸附作用、吸附剂选择性等因素的影响，部分干扰物也会在吸附床上吸附。吸附过程完成后就进入了洗脱阶段。“洗脱”是一种使保留在吸附剂上的物质从吸附剂上去除的过程，通过加入一种比吸附剂对分离物的吸引能力大的物质来完成。在此过程中，首先要选用适当的溶剂对吸附在吸附床上的干扰物进行洗脱，然后再用洗脱剂对目标物质进行洗脱。

固相萃取装置由固相萃取柱、样品管、过滤板、填充床和接头组成，如图1-5所示是固相萃取柱的结构。根据检测量的大小、待检物质的化学、物理性质选择合适的吸附柱。吸附剂活化后（一般采用甲醇来活化，甲醇还能起到除杂的作用）有利于吸附剂和目标物质相互作用，提高回收率。进样操作就是使样品流经吸附柱进行吸附；用水或者是适当的缓冲溶液对吸附柱进行冲洗，将杂质冲洗掉。选择适当的洗脱剂进行洗脱，收集洗脱液，然后进行浓缩、检验，或者是直接进行在线检验。

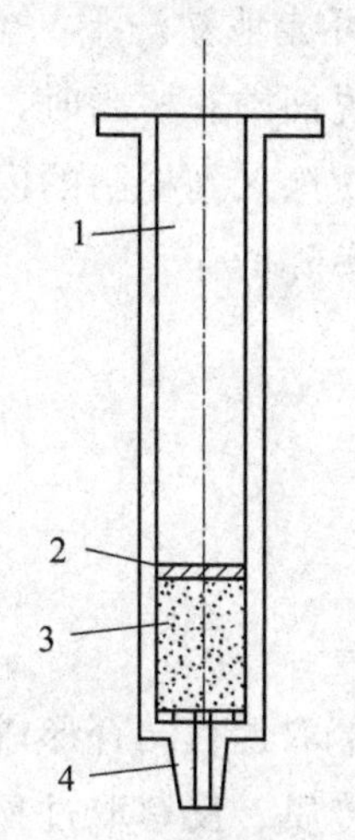

图 1-5 固相萃取柱结构

1—聚丙烯柱管；2—烧结过滤片；3—填料；4—接头

典型的固相萃取一般分为五个基本步骤，基本流程如图 1-6 所示。

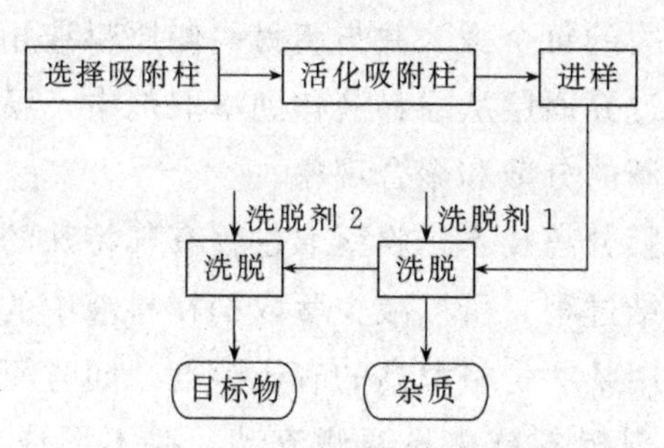

图 1-6 固相萃取步骤

在固相萃取中，吸附剂选用的好坏直接关系到能否实现萃取以及萃取效率的高低，同时新型吸附剂的研发也是固相萃取技术发展和应用的关键所在。选择洗脱剂的时候首先应考虑其对固相的适应性和对目标物质的溶解度，其次是传质速率的快慢。一般来说，洗脱正相吸附剂吸附的目标物质的时候，选用非极性有机溶剂（如正己烷、四氯化碳等）；洗脱反相吸附剂吸附的目标物质的时候，一般选用极性有机溶剂（如甲醇、乙腈、一氯甲烷等）；对于离子交换吸附剂，常采用的洗脱剂是高离子强度的缓冲液，中和目标物质或吸附剂官能团所带的电荷，破坏静电吸引，实现洗脱。为提高回收率，洗脱剂多选用小分子的有机溶剂，洗脱剂用量增大，可使吸附剂上的目标物质尽可能地被洗下，但同时可能会引进一些杂质。值得注意的是，以甲醇为洗脱剂洗脱树脂时，如果甲醇体积过大，则会引起树脂的充分溶胀，目标物质深入到树脂的内部间隙，很难再被洗脱，这就导致了洗脱不完全，回收率降低。

1.4 膜萃取

1.4.1 基本原理

膜萃取是膜过程与液液萃取过程结合形成的一种新型分离技术，其萃取过程与常规萃取过程中的传质、反萃取过程十分相似，因此可称为微孔膜液-液萃取，但其传质是在有机溶剂和水溶液相接触的固定界面层上完成的，故又被称为固定界面层膜萃取，简称膜基溶剂萃取或膜萃。

膜萃取就是将一微孔膜置于原料液与萃取剂之间，因萃取剂对膜的浸润性而迅速地浸透膜的每个微孔并与膜另一侧原料液相接触形成稳定界面层，微分离溶质透过界面层从原料液移到萃取剂中。膜萃取过程中不存在通常萃取过程中液滴的分散和聚合现象。

作为一种新的膜分离技术，膜萃取过程有其特殊的优势。膜萃取由于没有相的分散和聚结过程，可以减少萃取剂在料液中的夹带损失，有机溶剂用量少，可以使用某些价格稍高的有机溶剂，同时简化了操作手续；膜萃取时料液相和溶剂相各自在膜两侧流动，并不形成直接的液液两相流动。在选择萃取剂时对其物性要求大大放宽，可使用一些高浓度的高效萃取剂；在膜萃取过程中两相分别在膜两侧作单相流动，使过程免受“返混”的影响和“液泛”条件的限制；膜萃取过程可以较好地发挥化工单元操作中的某些优势，提高过程的传质效率；料液相与溶剂相在膜两侧同时存在，可以避免与其相似的支撑液膜内溶剂的流失问题。

简单的液膜萃取是用两种互不相溶的液体先形成乳浊，这些乳浊或者是水或水溶液的珠粒被油所包围，称为“水在油中”的乳浊；或者是油的珠粒被水或水溶液所包围，称为“油在水中”的乳浊。包在珠粒外的油膜或水膜，就是所称的液膜（liquid membrane），又称为膜相（membrane phase）或乳浊的外在相（exteranal phase）。被液膜包围起来的珠粒称为胶包相（encapsulated phase），又称乳浊的内在相（internal phase）或液膜萃取中的接收相（receiving phase），图1-7所示为“水在油中”的乳浊分散在连续相中。

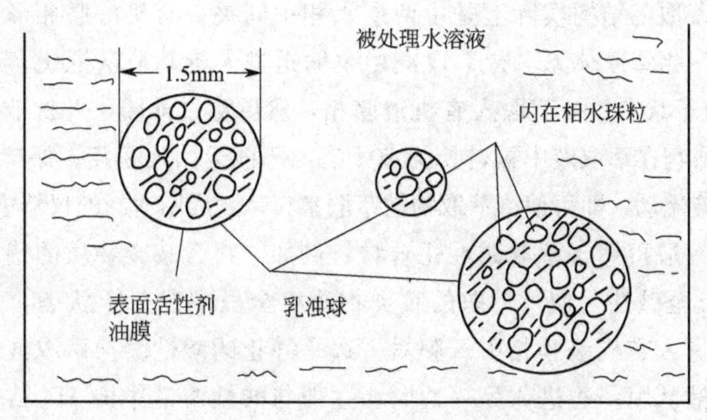

图1-7 用液膜处理水溶液

将乳浊与被处理溶液接触，乳浊将呈许多小球状分散到溶液中，称为乳浊液。一个个的球被溶液包围起来，在液膜萃取中包围乳浊球的溶液称为连续相（continuous phase）或第三相。连续相与乳浊的内在相被膜分开，膜相的介质与膜两侧两个相均不相混，而两侧的介质是可相溶的。萃取时，连续相内某组分穿过膜被浊液的内在相所捕集，或者乳浊的小珠粒内的某组分穿过膜进入连续相（此时小珠粒就不是接收相而是提供相）。

为了使分离过程中液膜能保持稳定，在形成乳浊时，需加入适当的表面活性剂。乳浊液的直径一般为0.2～2.0mm，胶包珠粒的直径为1.0～10μm。

1.4.2 萃取方法

液膜萃取装置是用一块疏水性的扁平膜将两种溶液分开，膜孔用有机溶剂饱和后形成支撑液膜固定在两个扁平的惰性材料模块之间，两模块上各有一流体槽，槽的一端与流体泵连接，在膜两边各形成一流体通道，每个通道体积一般在10～1000μL之间。液膜萃取的核心是固定在膜孔中的有机溶剂，该液膜形成一选择性屏障，待萃取物选择性地从一个溶液进入另一溶液。通常扁平膜的材料为疏水的多孔聚四氟乙烯膜，用作浸膜的有机溶剂必须具备不溶于水、难挥发、黏度小等条件，较常用的有机溶剂有正十一烷、正己醚、三辛基磷酸酯，或这些溶剂中另包含某些添加剂。液膜萃取实际上可看作两个步骤的液-液萃取的结合即萃取加上反萃取，只是这两个萃取步骤同时发生。

液膜萃取的结构实际上是由两层水相中间夹一有机液膜相形成的“三明治”式三相萃取体系，待萃取液由泵输送进入待萃取液通道，待萃取物（呈中性分子状态）被萃取入有机液膜相，然后穿过液膜，并扩散进入萃取液，待萃取物在萃取液中被转换为离子态而不能返回液膜相。保持萃取液静止而待萃液流动，即可使待萃取物被萃取富集，然后用适当的仪器进行检测。

液膜萃取可用于萃取碱性化合物。例如，将含胺类物质的待萃水样的pH值调节至碱性，使待萃取的胺类物质完全呈中性分子状态，分子态的胺被萃取进入有机液膜相中。膜另一边是静止的酸性缓冲萃取液，当胺分子通过扩散从膜一边进入另一边时，立即与酸性溶液中的 H^+ 结合成离子态，从而不会再返回液膜相中，保持萃取液静止而水样流动，胺分子不断从膜一边迁至另一边，即可达到萃取富集胺的目的。水样中的酸性物质在碱性条件下呈离子态而不能进入有机液膜中，中性化合物能被萃取进液膜中，并进入萃取液，但它在萃取液中的浓度永远不会超过待萃取水样里的浓度，不会被富集。

同理，液膜萃取也可用于萃取酸性化合物，只是液膜两边pH值条件刚好相反。通过向水样中加入离子对试剂或配位试剂，液膜萃取也可萃取各种呈离子态的化合物和金属离子。液膜萃取中因萃取液是水相，故萃取后适合用反相液相色谱、毛细管电泳进行检测。

1.5 超声波辅助萃取

1.5.1 基本原理

超声提取是利用超声波具有的机械效应、空化效应及热效应，通过增大介质分子的运动速度，增大介质的穿透力以提取有效成分的方法。

超声波在介质中的传播可以使介质质点在其传播空间内产生振动，从而强化介质的扩散、传质，这就是超声波的机械效应。超声波在传播过程中产生一种辐射压强，沿声波方向传播，对物料有很强的破坏作用，使待分离物中的有效成分更快地溶解于溶剂中。

通常情况下，介质内都或多或少地溶解了一些微气泡，这些气泡在超声波的作用下产生振动，当声压达到一定值时，气泡由于定向扩散而增大，形成共振腔，然后突然闭合，这就是超声波的空化效应。这种增大的气泡在闭合时会在其周围产生高达几百兆帕的压力，形成微激波，有利于待分离的有效成分的溶出。

和其它物理波一样，超声波在介质中的传播过程也是一个能量的传播和扩散过程，即超声波在介质的传播过程中，其声能可以不断被介质的质点吸收，介质将所吸收能量的全部或大部分转变成热能，从而导致介质本身和有效物质温度的升高，增大了有效成分的溶解度，加快了有效成分的溶解速度。由于这种吸收声波能引起的有效物质内部温度的升高是瞬时的，因此可以使被提取的成分的结构和生物活性保持不变。此外，超声波还可以产生许多次级效应，如乳化、扩散、击碎、化学效应等，这些作用也促进了样品中有效成分的溶解，促进有效成分进入介质，并与介质充分混合，加快了提取成分进入介质，并与介质充分混合，加快了提取过程的进行，并提高了有效成分的提取率。

1.5.2 萃取方法

常规的超声辅助萃取设备主要有超声清洗盆和超声探针（图1-8）。对于实验室规模的超声辅助萃取，使用简单的清洗盆就可以进行。使用这种超声清洗盆时，可通过直接超声或间接超声进行提取。在这两种系统中，使用机械搅拌均有利于提取。另外在提取过程中，溶剂吸收超声能量会引起升温也可促进提取。间接超声只能提取少量材料而直接超声则可提取大量样品。虽然超声清洗盆使用非常广泛，但有两点不利因素可能会降低实验的重复性：一是在液体各处，超声能量分布不均匀，仅有少部分溶液处于超声波源附近而产生空化作用；二是随着时间的延长，超声能量降低，一部分能量传递给容器本身而被浪费掉。用于超声辅助萃取的另一种设备是超声探针系统。该系统装有搅拌设备或冷却夹套。与超声清洗盆相比，超声探针系统有其自身的优点：它将产生能量集中在样品的某个区域，因

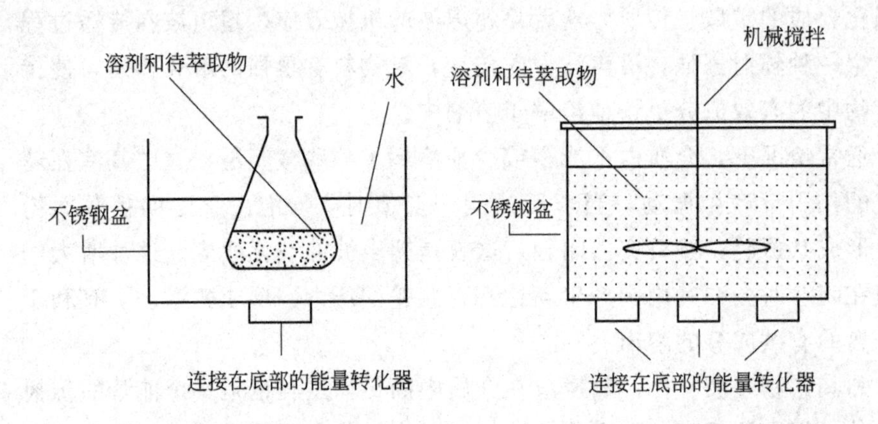

(a) 用超声清洗盆的间接超声提取　(b) 用超声清洗盆的直接超声提取装置

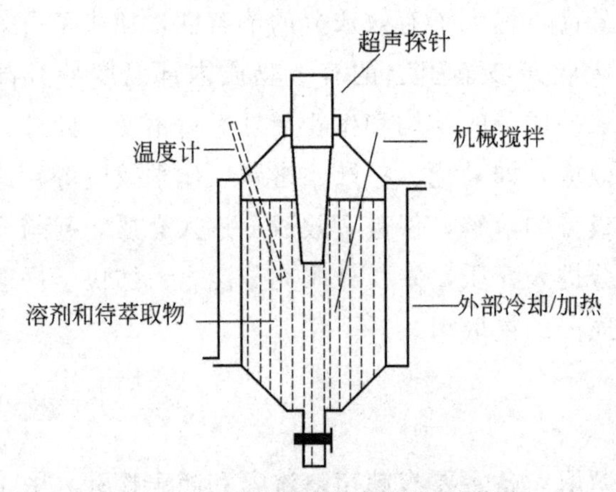

(c) 超声探针直接超声提取实验装置

图 1-8　超声提取装置

而在液体内部能更有效地实现空化作用，促进提取。

尽管在不连续超声辅助萃取系统中，超声波也能加快样品的处理进程，固体样品的提取效率比常规的提取技术明显提高，但是由于其操作过程的不连续性，较少使用这种不连续超声辅助萃取系统，多采取连续超声助提系统，即在超声提取过程中，提取剂以一种连续的方式流过样品，萃取出的化合物被溶剂及时带走。连续超声辅助萃取系统的优点主要是：样品和溶剂的用量适中，不需或仅需少量化学试剂来溶解样品，分析速度快，易于实现自动化操作。目前，在连续超声辅助萃取系统中，有两种方式是可用的。一是敞开体系，在敞口体系中，新鲜提取剂连续流过样品，传质平衡被溶解平衡所取代；另一种方式是密闭系统，在这种系统中，一定量的提取剂连续循环地流经固体样品，反复进行提取。

1.6 超临界流体萃取

1.6.1 基本原理

超临界萃取（supercritical fluid extraction，简称SFE）是利用超临界流体作为在临界温度和临界压力附近具有特殊性能的溶剂进行萃取的一种新分离方法。超临界流体是指超临界温度和临界压力状态的流体，例如，二氧化碳具有无毒、无臭、不燃和廉价等优点，临界温度31.04℃，临界压力7.38MPa，只需改变压力，就能在接近常温的条件下将萃取物与其分离。传统的液-液萃取过程，通常要用加热和蒸馏等方法才能把溶剂和萃取物分离，得到的萃取物通常含有残留的有机溶剂，产品可能有异味或残毒，影响产品的质量。采用超临界流体萃取技术可克服这些弊端。超临界萃取技术已经从最初的用SCF-CO_2从咖啡中提取咖啡因和用SCF-戊烷从石油中分离重油组分发展到天然香料、医药成分的提取以及热敏化合物等的提取。

超临界流体萃取比溶液萃取分离效果好的主要原因：超临界流体除了密度接近于液体外，黏度接近于气体，自扩散系数比液体大100倍，具有接近液体的密度和类似液体的溶解能力以及接近气体的黏度和扩散速度，超临界流体有很高的传质速度和很快达到萃取平衡的能力。在较高的超临界内，压力较小的变化会引起密度的较大变化，使超临界流体的密度接近于液体的密度，密度越大，溶解的能力越高。

超临界流体具有选择性地溶解其他物质的能力，被萃取溶质的化学性质与超临界流体的化学性质越接近，溶解能力越强。反之，溶解能力越弱。超临界流体正是利用这个选择性，将混合物中的某一组分溶解，然后通过降压或升温的方法，将超临界流体的密度降低或变成普通气体状态，被溶解的物质便会析出，从而从混合物中得以分离。

常用的超临界流体有二氧化碳、乙烯、乙烷、丙烷和氨等，其中二氧化碳最为常见。CO_2 是使用较多的超临界流体，临界点位于临界温度 $T_C=31.06$℃和临界压力 $p_C=7.38$MPa 处。大部分碳氢化合物的临界压力在 5MPa 左右；低碳氢化合物如乙烷、乙烯等，其临界温度接近常温；氨具有较高的临界温度和临界压力，这是因为极性大和含有氢键的缘故。

1.6.2 萃取方法

较常用的是等温变压流程，即利用不同压力下超临界流体萃取能力的不同，通过改变压力使溶质与超临界流体相分离，等温指在萃取器和分离器中流体的温度基本相同。这种流程较为简单，使萃取剂通过压缩机达到超临界状态，超临界流体进入萃取器萃取，萃取后的超临界流体经膨胀阀降压变成气体，密度降低，其溶解度下降，被萃取物析出，经分离器分离从底部取出；经分离器分离的气体萃取剂被压缩机压缩成为超临界流体，再进入萃取器。如此循环，从而得到被分离的萃取物。该方法适用于被萃取物需要精制的产品。

另外，还可以采用等压变温流程，即利用不同温度下物质在超临界流体中的溶解度差异，通过改变温度使溶质与超临界流体相分离。这种流程通常是萃取后的超临界流体经加热使之温度升高，溶解度降低，被萃取物在分离器中分离，从下部取出；气体则经压缩加压后克服阻力，再经冷却恢复了状态后再循环操作。该方法也适用于被萃取物需要精制的产品。

吸附萃取流程是在分离器中放置只能吸附溶质不能吸附萃取剂的吸附剂，负载着被萃取物的超临界流体进入分离器后，被萃取物被吸附剂吸附分离，超临界流体经适当加压，再回萃取器进行循环操作。吸附萃取流程适用于萃取除去杂质的情况，即采用超临界流体将物质中的杂质萃取，萃取器中留下的除去剩余物则为提纯产品。

在有机化工生产中，有机化合物及中间体的生产和分离常常用到萃取方法。例如萃取在石油工业中常用于芳烃抽提、丙烷脱沥青、糠醛精制以及用石油基作原料合成醋酸、生产丙烯酸等多种工艺。还有从稀醋酸水溶液中回收醋酸，常采用乙酸乙酯、异丙醚或苯为萃取剂萃取木材蒸馏后得到的稀醋酸溶液，或用于从醋酸纤维酯中提取醋酸等。在油脂工业中常用于动、植物油的净化，如用丙烷分离甘油酯中少量有色体及鱼油和豆油的分离等。在环境保护中，常对工业排放物中的有害有机化合物及重金属用萃取法去除或提取。如从含酚工业废水中去除苯酚常用苯、磷酸二甲苯酯等萃取分离，不仅避免环境污染，还可以回收有价值的副产品。萃取也应用于制药工业，如从发酵液中提取抗菌素如青霉素等，各种生物碱（如马钱子碱、二甲马钱子碱、奎宁）的生产等，所以萃取技术的研究具有十分重要的意义和应用价值。

参考文献

[1] 《有机化学实验技术》编写组编. 有机化学实验技术. 北京：科学出版社，1978.

[2] 张海霞，朱彭龄. 固相萃取. 分析化学，2000，28：1172.

[3] 张莘民，杨凯. 固相萃取技术在我国环境化学分析中的应用. 中国环境监测，2000，16：53.

[4] 郑春英，祖元刚. 固相萃取——超声加温法在中药连翘质量控制中的应用. 分析化学，2005，6：894.

[5] 刘俊亭. 新一代萃取分离技术——固相微萃取. 色谱，1997，15：118.

[6] 王玉军，骆广生，戴猷元. 膜萃取的应用研究，2000，20：13.

[7] 许培援，赵小，戚俊清，王培义，陈洁. 膜萃取分离技术研究进展. 郑州轻工业学院学报（自然科学版），2005，20：34.

[8] 唐仕荣. 超临界 CO_2 萃取技术及其在天然产物提取中的应用. 化工时刊，2007，21. 71.

[9] 李新社，王志兴. 溶剂提取和超临界流体萃取百合中的秋水仙碱. 中南大学学报（自然科学版），2004，35：244.

[10] 周雪晴，冯玉红. 超临界 CO_2 萃取技术在中药有效成分提取中的应用新进展. 海南大学学报自然科学版，2007，25：101.

[11] 安占起，马文婵，郗彦. 超临界流体萃取技术及其应用. 河北化工，2006，29：36.

[12] 陈雷，杨屹，张新祥等. 密闭微波辅助萃取丹参中有效成分的研究. 高等学校化学学报，2004，25：3.

[13] 毕小玲，邓韵，张干元，蔡妙颜，贲彦鸿，范治国. 超声法萃取丹参酮红色素的研究. 现代食品科技，2007，23：30.

第2章　重结晶与沉淀技术

为数众多的化工产品及中间体都是以晶体形态出现的，结晶产品的外观优美，且无论包装、运输、储存或使用都很方便。但从有机反应中分离出的固体有机化合物往往是不纯的，其中常夹杂一些反应副产物、未作用的原料即催化剂等，必须进一步分离纯化。纯化这类物质的有效方法通常是用合适的溶剂进行重结晶，这是因为重结晶过程能从杂质含量相当多的溶液中形成纯净的晶体。重结晶是有机合成中一项非常基本，但是又非常重要的分离提纯技术，它原理简单、使用方便。对许多物质来说，重结晶往往是大规模生产它们的最好又最经济的方法；而对更多的化工产品及中间体来说，重结晶往往是小规模制备它们的纯品的最方便的方法。

由于固体有机物在任何溶剂中的溶解度均随温度的升高而增加，所以将一有机物在某溶剂中以较高温度制备成过饱和溶液，然后使过饱和溶液冷却到或降至室温以下，即会有部分结晶析出。重结晶就是利用溶剂对被提纯物质及杂质的溶解度不同，可以使被提纯物质从过饱和溶液中析出，而让杂质全部或大部分仍留在溶液中（若在溶剂中的溶解度极小，则配成饱和溶液后被过滤除去），从而达到提纯目的。

晶体的形成过程是一个可逆过程，往往先形成一粒晶种，此晶种从溶液中选择恰当的分子，按照一定的晶格排列而慢慢地一层层长大，形成具有一定几何形状的晶体。如果这个过程进行得较快，则会没有什么选择而得到沉淀。如果这个过程进行得相对较慢，则有一定选择性，会生成结晶。因此在进行固体重结晶纯化时，不应使过程进行得太快（如应避免将溶液冷却过快，也不要突然向溶液中加入极性相反的溶剂），但也不宜进行得太慢。同时还应注意，在结晶过程中要尽量保持溶液静置，不要搅动，以免破坏结晶环境。

一般来说，常温下是固体的物质，都具有结晶的通性，可以根据溶解度的不同用结晶法来达到分离精制的目的。在有机合成过程中，一旦获得结晶，就能有效地进一步精制成为单体纯品，纯化合物的结晶有一定的熔点和结晶学的特征，有利于鉴定。如果鉴定的物质不是单体纯品，不但不能得出正确的结论，还会造成工作上的浪费。因此，求得结晶并制备成单体纯品，就成为鉴定合成产物、研究其分子结构重要的一步。

只要杂质在总固体中占很小一部分，即可以用结晶法予以纯化（一般重结晶只适用于纯化杂质含量在5%以下的固体有机化合物）。依据要纯化的固体物质与所含杂质在同一溶剂中溶解度的不同，使其结晶析出而得到纯化。如果产物中含杂质较多，必须先用其他方法进行初步提纯，然后再用重结晶方法进一步提纯。

重结晶的一般过程为：选择溶剂、溶解固体、除去杂质、晶体析出、晶体的收集与洗涤、晶体的干燥。虽然重结晶操作简单，但是真的要做好重结晶，也不是那么容易的事。下面将介绍重结晶的具体操作步骤。

2.1 溶剂的选择

进行重结晶操作时的首要问题是选择一种适宜的溶剂。低温和高温时被纯化物质溶解度都较低的溶剂或低温、高温下被纯化物质溶解度都较大的溶剂，均不适用于重结晶。只有在溶解度斜率较大的溶剂，才适用于重结晶。如图2-1所示。

理想的重结晶溶剂应符合下列条件。

（1）该溶剂不与被提纯物质起化学反应。如脂肪族卤代烃类，不宜用作碱性化合物重结晶溶剂，因为卤代烃在碱性条件下易发生亲核取代反应；醇类不宜作为酯类重结晶的溶剂因为容易发生酯交换反应，也不宜作氨基酸盐酸盐重结晶的溶剂，因为容易发生亲核取代氨解反应。

（2）对被提纯的物质在较高温度时有较大溶解度，低温或室温时有较小溶解度，而对杂质在低温或室温时溶解非常大或者加热时溶解度非常小（前一种情况是使杂质留在母液中不随被提纯物晶体一同析出；后一种情况是使杂质在热过滤时被滤去）。

（3）容易挥发（溶剂的沸点较低），易与结晶分离除去。但溶剂的沸点也不宜太低，沸点过低时制成溶液和冷却结晶两步操作温差小，固体物

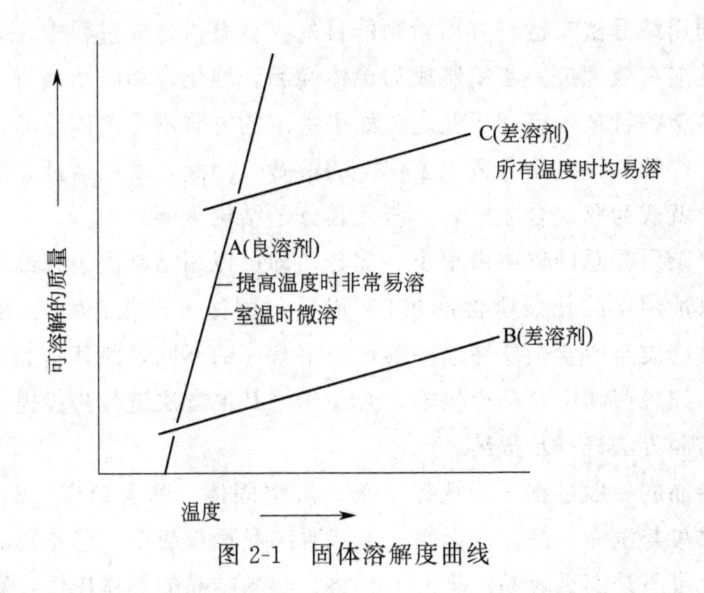

图 2-1　固体溶解度曲线

溶解度改变不大，影响收率，而且低沸点溶剂操作也不方便。如沸点太高，溶剂附着于晶体表面不易除尽。

(4) 能得到较好的结晶。

(5) 无毒或毒性很小，便于操作，回收率高，价廉易得。

在选择溶剂时必须了解欲纯化的化学试剂的结构，因为溶质往往易溶于与其结构相近的溶剂中——“相似相溶”原理。如：欲纯化的化学试剂是非极性化合物，实验中已知其在异丙醇中的溶解度太小，异丙醇不宜作其结晶和重结晶的溶剂，这时不必再实验极性更强的溶剂，如甲醇、水等，应实验极性较小的溶剂，如丙酮、二氧六环、苯、石油醚等。通常，对于带有能形成氢键的官能团如羟基、氨基、羧基、酰氨基的化合物，它们在水、甲醇、乙醇等含羟基溶剂中比在烃类溶剂中易溶。但是，如果官能团并非分子的主要部分，那么溶解性能可能会逆转。如十二醇几乎不溶于水，其碳链使其行为像烃而不像乙醇。表 2-1 可供选择溶剂时参考。

适用溶剂的最终选择，只能用实验的方法来决定。对于未知的化合物，在选取溶剂时，按照“相似相溶”的原则，首先将少许待纯化样品用多种溶剂进行实验，借以选出一个供结晶所用的合适的溶剂。一般的原则是：在试管中放入 0.1 g 待纯化样品进行溶解实验，用滴管逐滴加入溶剂，并不断振荡。若加入的溶剂量达 1mL 仍未见全溶，可小心加热混合物至沸腾（注意严防溶剂着火!）。若此物质在 1mL 冷的或温热的溶剂中已全溶，则此溶剂不适用。如果该物质不溶于 1mL 沸腾的溶剂中，则继续加热，并分批加入溶剂，每次加入 0.5mL 并加热至沸腾。如加入溶剂量达到 4mL，而物质仍不能溶解，则必须寻求其它溶剂。如果所选择的溶剂能在 1～4mL 溶剂沸腾的情况下使样品完全溶解，并在冷却后能析出较多的晶体，说明此溶剂适合作为该样品重结晶的溶剂；实验时应同时选用几种溶剂进行比较，如果有几个溶剂可供选择的话，要选用结晶收率最好的溶剂来进行重结晶。进行样品纯化前，为避免溶剂的浪费和操作的麻烦，进行这种尝试是必要的。表 2-1 列出了一些常用的溶剂。

表 2-1 重结晶常用溶剂的性质

名称	沸点/℃	密度/(g/cm³)	在水中的溶解性	名称	沸点/℃	密度/(g/cm³)	在水中的溶解性
水	100	1		环己烷	80.8	0.78	不溶
甲醇	65	0.79	溶	二氧六环	101.3	1.03	溶
乙醇	78	0.79	溶	二氯甲烷	40.8	1.34	微溶
异丙醇	82.4	0.79	溶	1,2-二氯乙烷	83.8	1.24	微溶
四氢呋喃	66	0.89	溶	氯仿	61.2	1.49	不溶
丙酮	56.2	0.79	溶	四氯化碳	76.8	1.59	不溶
冰醋酸	117.9	1.05	溶	硝基甲烷	101.2	1.14	溶
乙醚	34.5	0.71	溶	甲乙酮	79.6	0.81	溶
石油醚	30～60	0.64	不溶	乙腈	81.6	0.78	溶
乙酸乙酯	77.1	0.90	7.9g/100mL	己烷	69	0.66	不溶
苯	80.1	0.88	不溶	戊烷	36	0.63	不溶
甲苯	110.6	0.87	不溶				

好的溶剂在沸点附近对待结晶物质溶解度高而在低温下溶解度又很小。苯、二氧六环、环己烷在低温下接近凝固点，溶解能力很差，是理想溶剂。乙腈、二甲苯、甲苯、丁酮、乙醇也是理想溶剂。溶剂的沸点最好比被结晶物质的熔点低 50℃，否则易产生溶质液化分层现象。溶剂的沸点越高，沸腾时溶解力越强，对于高熔点物质，最好选高沸点溶剂。含有氧、氮（例如，含有羟基、氨基）而且熔点不太高的物质，尽量不选择含氧溶剂（例如乙醇），因为溶质与溶剂形成分子间氢键后很难析出。溶质和溶剂的极性不要相差太悬殊。常见溶剂的极性：水>甲醇>乙醇>异丙

醇＞乙腈＞丙酮＞氯仿＞二氯甲烷＞四氢呋喃＞二氧六环＞乙醚＞苯＞甲苯＞四氯化碳＞正辛烷＞环己烷＞石油醚。

若不能选出单一溶剂进行重结晶，则可应用混合溶剂。混合溶剂一般由两种或两种以上能任意互溶的溶剂组成，根据极性配比组成所需的混合溶剂（表 2-2 列出了一些能互溶的溶剂）。其选择的原则与单一溶剂类似。

表 2-2　一些能互溶的溶剂

溶剂	能互溶的溶剂
丙酮	苯,丁醇,四氯化碳,氯仿,环己烷,乙醇,乙酸乙酯,乙腈,石油醚,水
苯	丙酮,丁醇,四氯化碳,氯仿,环己烷,乙醇,乙腈,石油醚,吡啶
四氯化碳	环己烷
氯仿	乙酸,丙酮,苯,乙醇,乙酸乙酯,己烷,甲醇,吡啶
环己烷	丙酮,苯,四氯化碳,乙醇,乙醚
乙醚	丙酮,环己烷,乙醇,甲醇,乙腈,戊烷,石油醚
DMF	苯,乙醇,醚
二甲亚砜	丙酮,苯,氯仿,乙醇,乙醚,水
二氧六环	苯,四氯化碳,氯仿,乙醇,乙醚,石油醚,吡啶,水
乙醇	乙酸,丙酮,苯,氯仿,环己烷,二氧六环,乙醚,戊烷,甲苯,水
乙酸乙酯	丙酮,丁醇,氯仿,甲醇
己烷	苯,氯仿,乙醇
甲醇	氯仿,乙醚，甘油,水
戊烷	乙醇,乙醚
石油醚	乙酸，丙酮，苯，乙醚
吡啶	丙酮,苯，氯仿，二氧六环，石油醚，甲苯,水
甲苯	乙醇,乙醚,吡啶
水	乙酸，丙酮，乙醇，甲醇，吡啶

2.2　固体的溶解与脱色

选用合适溶剂，通过试验结果或查阅溶解度数据计算溶解被纯化物所需溶剂的量，将被纯化物固体置于锥形瓶或圆底烧瓶中，加入较需要量稍少的适宜溶剂，加热到微微沸腾一段时间后，若未完全溶解，可再分次逐渐添加溶剂，每次加溶剂后需再加热使溶液沸腾，直至被提纯物质完全溶解。但应注意，在补加溶剂后，发现未溶解固体不减少，应考虑是否有不溶性杂质存在，此时就不要再补加溶剂，以免溶剂过量太多而造成结晶析出太少或根本不析出。要使重结晶得到的产品纯和回收率高，溶剂的用量是关键。虽然从减少溶解损失来考虑，溶剂应尽可能避免过量，但这样在热过滤时会引起很大的麻烦和损失，特别是当被提纯物质的溶解度随温度变化很大时更是如此，因为在热滤过程中会因溶液冷却、溶剂挥发、滤纸吸附等因素造成晶体在滤纸上或漏斗颈中析出。因而根据这两方面的损失来权衡溶剂的用量，溶剂过量一般不超过理论用量的 20%。

当溶剂易燃或有毒时可装上回流冷凝管（图 2-2），添加溶剂可从冷凝管上端加入，以避免溶剂挥发、火灾发生或人员中毒。切忌在石棉网上直接加热，根据溶剂沸点的高低，选择热浴。搅拌下加热，使之溶解。

溶解过程中，有时由于条件掌握不好，被提纯物质会出现油状物，这对物质的纯化很不利，因为杂质会伴随析出，并夹带少量的溶剂，故应尽量避免这种现象的发生。遇到这种情况，应注意两点：首先，所选溶剂的沸点应低于溶质的熔点；其次，若不能选择出沸点较低的溶剂，则应在比

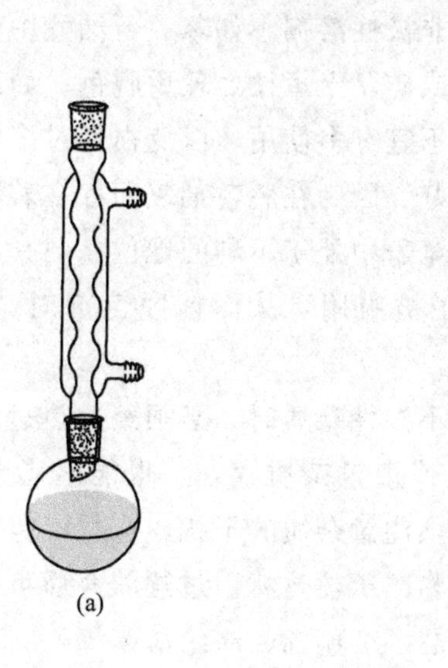

图 2-2　回流装置

熔点低的温度下进行热溶解。例如，乙酰苯胺的熔点为114℃，用水重结晶时，加热至83℃就熔化成油状物。这时，在水层中含有已溶解的乙酰苯胺，而在熔化成油状的乙酰苯胺中含有水。所以对类似于乙酰苯胺的物质，在重结晶时应遵循以下的原则：①所配制的热溶液要稀释一些（在不会发生与溶剂共溶的浓度范围），但这会使重结晶的回收率降低；②在低于共熔的温度下进行热溶解，过滤后让母液慢慢冷却。

粗制的有机化合物常包含有色杂质，在重结晶时杂质虽可溶于溶剂，但仍有部分被结晶吸收，因此，当分出结晶时常会得到有色产物。另外在溶液中存在少量树脂状物质或极细的不溶物，如果经过过滤仍有浑浊状，则不能用简单过滤方法除去。如果在溶液中加入少量脱色剂（例如活性炭），脱色剂可吸附色素或树脂状物质，趁热滤去，即可得无色较纯的产品溶液。

应用活性炭脱色应注意几点。①溶质溶解后（活性炭最好不要与样品一起加热溶解，以减少活性炭对溶质的吸附），要将热溶液稍冷却，然后加入活性炭（否则易引起暴沸，使溶液溅出），再煮沸5～10min。②所加活性炭的量，视溶质量和颜色的深浅而定，一般为粗品溶质质量的1%～5%为宜，过多活性炭可降低收率（吸附溶质）。③活性炭脱色效果和溶液的极性、杂质的多少有关。活性炭在水溶液中进行脱色的效果较好，它也可在有机溶液中使用，若在非极性溶剂中如苯、石油醚中活性炭脱色效果不佳，可通过氧化铝、硅胶或硅藻土短柱处理后脱色；如果一次脱色不彻底，可进行第二次脱色，但不宜过多使用，以免损耗过多样品。④煮沸时间过长往往脱色效果反而不好，因为在脱色剂表面存在着溶质、溶剂和杂质的吸附竞争，溶剂虽然在竞争中处于不利的地位，但其数量巨大，过久的煮沸会使较多的溶剂分子被吸附，从而使脱色剂对杂质的吸附能力下降。

制备好的热溶液中如有不溶性杂质时，必须经过热过滤，以除去不溶杂质。因为有时即使有少量或微量杂质存在，也能阻碍或延缓结晶的形成。所以在制备结晶时，必须注意杂质的干扰，应尽可能除去。热过滤的方法有两种，即常压热过滤和减压热过滤。过滤的介质可根据实验要求选用不同的介质，如滤纸、砂芯、玻璃棉、涤纶薄膜等。

常压热过滤（如图2-3）就是选用短颈径粗的玻璃漏斗（这样过滤较

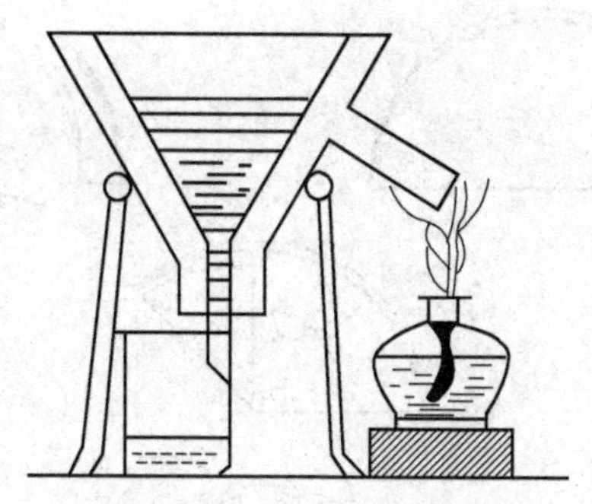

图 2-3 常压热过滤装置

快，可减少晶体在颈部析出而造成阻塞）、折叠滤纸（折叠型滤纸又叫菊花型滤纸，能提供较大的过滤表面，使过滤加快，同时可减少在过滤时析出结晶的机会）、热水漏斗套。把短颈玻璃漏斗置于热水漏斗套里，套的两壁间充注热水（注意水不要装得太满，以免加热至沸腾后溢出）以保持溶液的温度不降低，然后在漏斗上放入折叠滤纸，用少量溶剂润湿滤纸，避免滤纸在过滤时因吸附溶剂而使结晶析出，滤液用锥形瓶接收（用水作溶剂时可用烧杯），漏斗颈紧贴瓶壁，待过滤的溶液沿玻璃棒小心倒入漏斗中，并用表面皿盖在漏斗上，以减少溶剂的挥发，过滤完毕，用少量热溶剂冲洗一下滤纸，若滤纸上析出的晶体颗粒较多时，可小心地将结晶刮回到锥形瓶中，用少量溶剂溶解后再过滤。如果在溶剂沸点温度时溶解固体，制成饱和溶液，必须考虑热过滤的实际操作温度是多少，否则会因实际热过滤操作时，温度降低，被提纯物晶体大量析出，给热过滤带来麻烦，并可能造成损失。若某物质非常易结晶析出，可将溶液配得稀一些，一般溶剂量可比需要量多加 20%～100%左右，过滤后可再浓缩之。但要特别注意，在过滤有易燃溶剂的溶液时，切不可用火加热。

滤纸的折叠方法如图 2-4 所示，将滤纸对折，再对折成四等分。打开后，将每四等分再对折成八等分。沿着每个八等分的中线，互成反方向各再折一次，成十六等分。请注意，在接近圆心处不要用力折，以免由于磨损造成过滤时破裂。

另一种过滤方法是减压热过滤（如图 2-5），也称抽滤、吸滤或真空过滤，其装置由布氏漏斗、抽滤瓶、安全瓶及水泵组成。

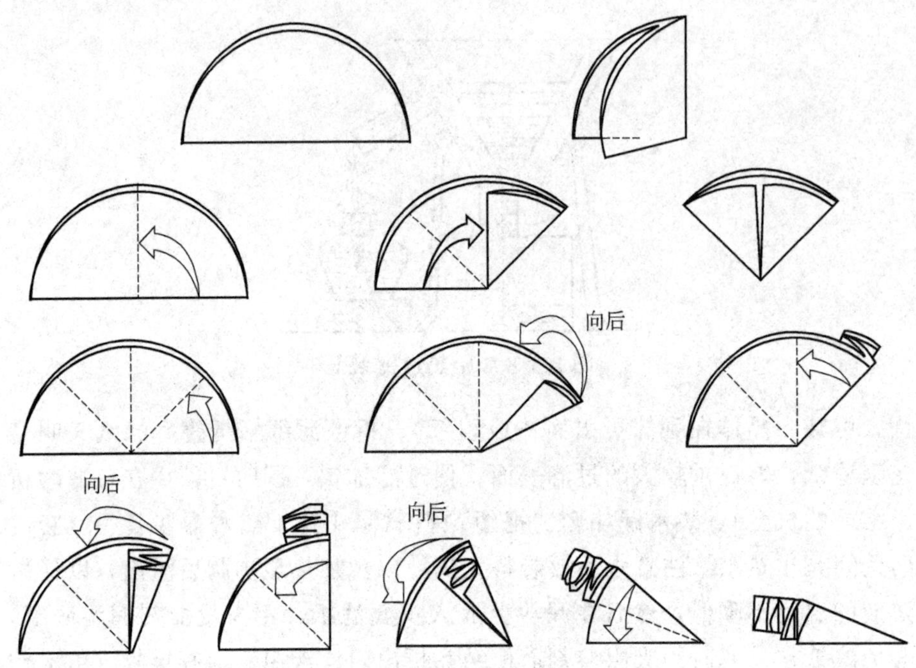

图 2-4　滤纸的折叠方法

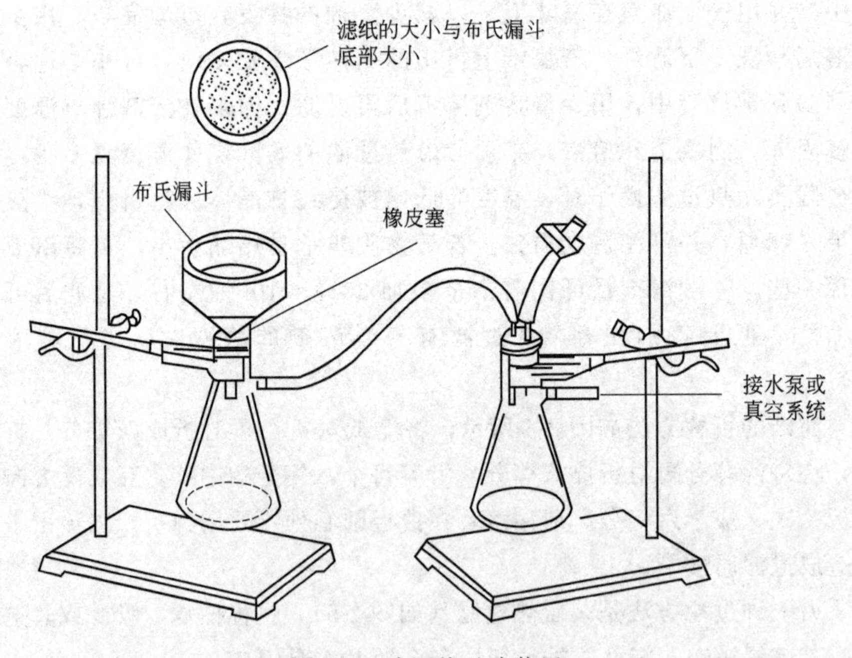

图 2-5　减压热过滤装置

减压过滤的具体操作过程如下：首先，剪裁符合规格滤纸放入漏斗中，用少量溶剂润湿滤纸，开启水泵并关闭安全瓶上的活塞，将滤纸吸进吸紧，然后打开安全瓶上的活塞，再关闭水泵。借助玻璃棒，将待分离物分批倒入漏斗中，并用少量滤液洗出黏附在容器上的晶体，一并倒入漏斗中，再次开启水泵并关闭安全瓶上的活塞进行减压过滤直至漏斗颈口无液滴为止。打开安全瓶上的活塞，再关闭水泵，用少量溶剂润湿晶体，再次开启水泵并关闭安全瓶上的活塞进行减压过滤直至漏斗颈口无液滴为止。

减压过滤的最大优点就是过滤速度快，结晶一般不易在漏斗中析出，操作亦较简便。其缺点就是悬浮的杂质易通过滤纸；若溶剂为挥发性，热溶液过滤时，滤器孔内也易析出结晶，堵塞滤孔；滤下来的热溶液，在负压下易沸腾，溶剂蒸发导致溶液浓度改变，使结晶过早析出。所以用减压热过滤法时应注意以下几点。

① 滤纸不应大于布氏漏斗的底面，应比漏斗内径略小。

② 吸滤前需用同一溶剂将滤纸湿润后过滤，使其紧贴于布氏漏斗底面。

③ 为避免热过滤在漏斗孔上结晶析出，堵塞孔眼，可将布氏漏斗放在烘箱或远红外加热器内预热或用热溶剂预热。

④ 若在抽滤过程中有结晶析出，堵塞漏斗，应加入少量的沸腾溶剂，而流经漏斗，过滤后可将溶液浓缩至原来的体积。

⑤ 过滤中，滤液中可能有结晶析出，最好不要结晶太快，可将滤液加热至全溶后，再慢慢放冷结晶。

除了布氏漏斗，实验室中还常使用砂芯漏斗（如图 2-6）过滤。砂芯漏斗又称为烧结玻璃漏斗。它是由玻璃粉末烧结制成的多孔性滤片，再焊接在相同或相似的膨胀系数的玻璃上所形成的一种过滤容器。若滤液具有碱性，或者有酸性物质、酸酐或者有氧化剂等存在，对普通滤纸有腐蚀性作用，在过滤（或吸滤）时容易发生滤纸破损，待滤物穿透滤纸而泄漏，导致过滤的失败。而选用砂芯漏斗可代替铺设有滤纸的漏斗，进行有效的分离。

表 2-3 列出国产砂芯漏斗的型号、规格和用途，供实验者针对不同沉淀颗粒尺寸，选用不同号码的漏斗，以达到最佳过滤效果。

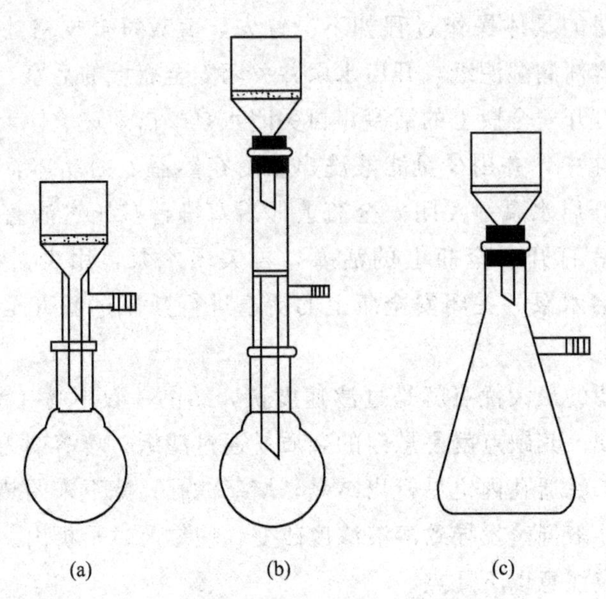

图 2-6　砂芯漏斗抽滤装置

表 2-3　国产砂芯漏斗的型号、规格和用途

型号	滤板平均孔径/μm	一般用途
1	80～120	滤除大粒沉淀
2	40～80	滤除较大颗粒沉淀
3	15～40	滤除化学反应中的一般结晶和杂质,过滤水银
4	5～15	滤除细粒沉淀
5	2～15	滤除极细颗粒,滤除较大的细菌
6	＜2	滤除细菌

砂芯漏斗若是新购置的，在使用前，应当用热盐酸或铬酸洗液进行抽滤，随即用蒸馏水洗净，除去砂芯中的尘埃等外来杂质。砂芯漏斗不能过滤浓氢氟酸、热浓磷酸、热（或冷）浓碱液。这些试剂可溶解砂芯中的微粒，有损于玻璃器皿，使滤孔增大，并有使芯片脱落之危险。砂芯漏斗在减压（或受压）使用时其两面的压力差不允许超过 101.3kPa。在使用砂芯漏斗时，因其有熔接的边缘，在使用时的温度环境要相对稳定些，防止温度急剧升降，以免容器破损。

砂芯漏斗的洗涤工作是很重要的，洗涤不仅是保持仪器的清洁，而且对于保持砂芯漏斗的过滤效率不下降，延长其使用寿命等都有重要作用。砂芯漏斗每次用毕或使用一段时间后，会因沉淀物堵塞滤孔而影响过滤效率，因此必须及时进行有效的洗涤。可将砂芯漏斗倒置，用水反复进行冲洗，以洗净沉淀物，烘干后即可再用。还可根据不同性质的沉淀物，有针对性地进行“化学洗涤”。例如，对于脂肪、脂膏、有机物等沉淀，可用四氯化碳等有机溶剂进行洗涤。碳化物沉淀可使用重铬酸盐的温热浓硫酸浸泡过夜。经碱性沉淀物过滤后的砂芯漏斗，可用稀酸溶液洗涤。经酸性沉淀物过滤后的砂芯漏斗，可用稀碱溶液洗涤。然后再用清水冲洗干净，烘干后备用。

砂芯漏斗不能用来过滤含有活性炭颗粒的溶液，因为细小颗粒的炭粒容易堵塞滤板的洞孔，使其过滤效率下降，甚至报废。

由于砂芯漏斗的价格较贵，有时难于彻底洗净滤板，还要防范强碱、氢氟酸等的腐蚀作用，故其使用的范围受到限制。

2.3 混合溶剂结晶法

如果用单一溶剂无法合乎溶解度要求时，可使用混合溶剂。所谓混合溶剂，就是把对待纯化样品溶解度很大的和溶解度很小的而又能互溶的两种溶剂（例如水和乙醇）混合起来，可获得新的良好的溶解性能。选一种能溶解某样品的溶剂，作为第一种溶剂（或称良溶剂）。再选一种能和第一种溶剂互溶，对样品溶解度较小的溶剂作为第二种溶剂（或称不良溶剂）。将待纯化样品溶于能使它溶解的最少量的第一种溶剂中，接着向此热的混合物溶液中滴入第二种溶剂，直至混合物刚好变成浑浊。达到这一点时，加热使其澄清或加入第一种溶剂使其刚刚变为澄清，过滤除去不溶杂质。例如从虎杖中提取水溶性的虎杖苷时，在已精制过饱和的水溶液上添加一层乙醚放置，既有利于溶出其共存的脂溶性杂质，又可降低水的极性，促使虎杖苷的结晶化。自秦皮中提取秦皮甲素，也同样运用这样的办法。有时也可将两种溶剂预先混合好，然后再进行重结晶，其操作和使用单一溶剂时相同。如果溶液有色，同样可使用活性炭来脱色。

常用的混合溶剂如表 2-4 所示。对难溶物质常采用 DMF/H_2O、DMSO/H_2O 混合溶剂重结晶。

表 2-4 结晶和重结晶常用的混合溶剂

乙醇-水	苯-石油醚	苯-无水乙醇
丙醇-水	丙酮-石油醚	苯-环己烷
乙酸-水	氯仿-石油醚	丙酮-水
甲醇-乙醚	氯仿-醇	氯仿-醚
甲醇-二氯甲烷	丙酮-乙醚	乙醇-乙醚-乙酸乙酯
二氯甲烷-石油醚	二氯甲烷-正己烷	四氢呋喃-正己烷

2.4 晶体的形成和析出操作

冷却结晶是使产物重新形成晶体和析出的过程。其目的是进一步与溶解在溶剂中的杂质分离。将所制的热饱和溶液冷却后，晶体就可以析出。析晶通常可分为常温（室温）、低温析晶两种，有时两种组合使用。当冷却条件不同时，晶体析出的情况也不同。至于采用哪种析晶方法则决定于结晶速度的快慢、晶形要求等因素。

将滤液在室温或保温下静置（如此时滤液已析出晶体，可加热使之重新溶解），使之慢慢冷却，析出晶体，再用冷水充分冷却或至于冰箱保鲜层缓慢降温（使结晶更完全），这样得到的晶体形状好，颗粒大小均匀，晶体内不含有杂质和溶剂。如果冷却太慢，则结晶速度太慢，可能得到的晶体颗粒太大，大晶体内不仅会夹带一些溶剂，给后续的干燥带来一定的困难，还可能把杂质也包裹在内。将滤液在冷水浴中迅速冷却并剧烈搅动时，可以加快结晶速度，得到颗粒很小的晶体。但这样也会带来很大的弊端，因为小晶体包虽含杂质较少，但其表面积大，吸附于其表面的杂质和母液较多。有时晶体自溶液中析出的速度太快，超过化合物晶核的形成及分子定向排列的速度，往往只能得到无定形粉末。所以，控制好冷却速度是晶体析出好坏的关键。另外，在滤液放置过程中，对于挥发性比较强的溶剂，最好先塞紧瓶塞，避免液面先出现结晶，而致结晶纯度较低。对于在常温下难于结晶的物质，可以把溶液放在冰箱中冷却，使晶体析出。为得到纯净的、颗粒大小均匀的晶体，往往需进行二次或三次重结晶。

有时即使形成过饱和溶液，冷却后的溶液仍无结晶。在这种情况下，用玻璃棒摩擦瓶壁以形成粗糙面，使溶质分子迅速和较易成定向排列而形成结晶；或者加入少量晶种（同一物质的晶体），供给定型晶核，使晶体迅速形成（一般地说，结晶化过程是有高度选择性的，当加入同种分子或离子，结晶多会立即长大）。如没有这种结晶，可以取一滴过饱和溶液滴于表面皿上，使溶剂挥发，将得到的晶体做“晶种”。晶种的加入量不宜过多，而且加入后不要搅动，以免晶体析出太快，影响产品的纯度。如仍无结晶析出，可打开瓶塞任溶液逐步挥散，慢慢析晶。或另选适当溶剂处理，或再精制一次，尽可能除尽杂质后进行结晶操作。

有时被提纯化合物呈油状析出，虽然该油状物经长时间静置或足够冷却后也可固化，但这样的固体往往含有较多的杂质（杂质在油状物中常较在溶剂中的溶解度大；其次，析出的固体中还包含一部分母液），纯度不高。用大量溶剂稀释，虽可防止油状物生成，但将使产物大量损失。这时可将析出油状物的溶液重新加热溶解，然后慢慢冷却。当油状物一开始析出，便剧烈搅拌混合物，使油状物在均匀分散的状况下固化，这样包含的母液就大大减少。但最好还是重新选择溶剂，以便得到晶形产物。

2.5 结晶的滤集操作

一般采用减压过滤装置过滤，目的是将留在溶剂（母液）中的可溶性杂质与晶体（产品）彻底分离，收集结晶。具体操作与减压热过滤大致相同，所不同的是仪器和液体都应该是冷的，所收集的是固体（晶体）而不是液体。抽滤的优点是：过滤和洗涤速度快，固体（晶体）与液体的分离比较完全，固体（晶体）容易干燥。

在晶体滤集操作过程中应注意以下几点。

(1) 在滤前先用少量溶剂把滤纸湿润，再打开水泵将滤纸吸紧，防止结晶在抽滤时从滤纸边沿吸入瓶中。

(2) 将液体和结晶一并分批倒入漏斗中，并用少量滤液转移容器壁上残留的结晶，不能用新的溶剂转移，以防溶剂将晶体溶解造成产品损失。用母液转移的次数和每次母液的用量都不宜太多，一般2～3次即可。

(3) 晶体全部转移至漏斗后，抽干。为了将固体中的母液尽量抽干，可用清洁的玻璃钉或瓶塞挤压晶体。

(4) 漏斗中收集的晶体要用溶剂洗涤，以除去晶体表面的母液，否则干燥后仍可能使结晶沾污。用重结晶的同一种冷的溶剂进行洗涤，用量应尽量少，以减少产品溶解损失。洗涤的过程是先停止抽气，在晶体上加少量冷的溶剂，用刮刀或玻璃棒小心搅动（不要使滤纸松动），使所有晶体湿润，静置一会儿再进行抽气，并用清洁的玻璃塞把滤饼压实，以助于除掉更多溶剂。这样反复 2～3 次，将晶体吸附的杂质洗净。

(5) 如果所用溶剂不易挥发，在用原溶剂洗涤后，可以在常压下加入少量易挥发溶剂（当然这些溶剂必须是能和第一种溶剂互溶而对产品是不溶或微溶的）淋洗滤饼，使最后的结晶产物易于干燥，如 DMF 可用乙醇洗，二氯苯、氯苯、二甲苯、环己酮可以用甲苯洗。轻轻搅动，以清除表面吸附的杂质和母液，然后迅速抽干。

(6) 从漏斗中取出结晶时，应注意勿将滤纸纤维附于晶体上。通常可连滤纸一起取出，待干燥后，用刮刀轻拍滤纸，晶体就将全部下来。

(7) 抽滤后所得的母液，如还有用处，可移至其它容器中。较大量的有机溶剂，一般应用蒸馏法回收。如果母液中溶解的物质不容忽视，可将母液适当浓缩。回收得到一部分纯度较低的晶体，测定它的熔点，以决定是否可供直接使用，或需进一步提纯。

2.6 晶体的干燥

用重结晶法纯化后的晶体，其表面还吸附有少量溶剂，在进行结构及纯度确证（如测定熔点）前，晶体必须充分干燥，否则测定的熔点会偏低。

固体干燥的方法很多，要根据重结晶所用溶剂及结晶的性质来选择。常用的方法有如下几种。

(1) 空气晾干　将抽干的结晶置于表面皿上或蒸发皿上于室温下风干（要用一张滤纸覆盖结晶以防灰尘沾污）。这是最常用的干燥不吸潮、不易氧化的低熔点物质的方法。一般需要经几天后才能彻底干燥。

(2) 滤纸吸干　有时晶体吸附的溶剂在抽滤时很难抽干，这时可将晶体放在二、三层滤纸上，上面再用滤纸挤压以析出溶剂。此法的缺点是晶体上易沾污一些滤纸纤维。

(3) 常压烘干 对空气和热稳定的物质可在低于该化合物熔点的温度下烘干。常用的仪器为红外线灯、烘箱、蒸汽浴等。必须注意，由于溶剂的存在，结晶可能在较其熔点低得很多的温度下就开始熔融了，因此必须控制好温度并经常翻动结晶，以免结块。用易燃性的有机溶剂重结晶的晶体，特别是量大时，在送入烘箱前，应预先在空气中干燥，否则可能引起溶剂燃烧的危险。

(4) 真空干燥 将结晶放置于真空干燥器中，不加热，抽真空。使用的干燥剂应按样品所含的溶剂来选择。例如，五氧化二磷可吸水；生石灰可吸水或酸；无水氯化钙吸收水和醇；氢氧化钠吸收水和酸；石蜡片可吸收乙醚、氯仿、四氯化碳、苯等。

或将结晶置于真空干燥箱中，抽真空，加热至适当温度干燥，但易升华物不可取。

2.7 小量及微量物质单晶的制备

晶体是一种原子有规律地重复排列的固体物质。由于原子空间排列的规律性，可以把晶体中的若干个原子抽象为一个点，于是晶体就可以看成空间点阵。如果整块晶体为一个空间点阵所贯穿，则称为单晶体，简称单晶（single crystal)。通过单晶结构分析可以提供一个化合物在固态中所有原子的精确空间位置，为化学、材料科学和生命科学等研究提供广泛而重要的信息，包括原子的连接形式、分子构型、准确的键长和键角等数据；还可以从中得到化合物的化学组成比例、对称性以及原子或分子在三维空间的排列、堆积情况。所以，单晶结构分析对于人们了解物质结构、认识和理解物质的性能有着非常重要的作用。

获得质量好的单晶是进行单晶结构分析的首要问题。晶体的生长和质量主要依赖于晶核形成和生长的速率。如果晶核形成速率大于生长速率，就会形成大量的微晶，并容易出现晶体团聚。相反，太快的生长速率会引起晶体缺陷。单晶的培养是一比较难做的事情，常常需要摸索和“碰运气”。晶体的生长不仅与化合物自身的结晶习性有关，而且与溶剂、环境温度、结晶方法等密不可分。

2.7.1 溶液结晶法

溶液结晶法是通过冷却或挥发化合物饱和溶液，让化合物结晶出来，这是单晶体生长的最常用形式。采用溶液结晶法制备单晶时应注意以下几个问题。

(1) 结晶容器的选择　为了减少晶核生长位置的数目，避免产生过多的成核中心，防止孪晶、多晶的生成，最好使用洁净、较光滑的玻璃容器(如烧杯、单口烧瓶、核磁管等)。如果容器壁过于光滑，则不利于晶核的形成，抑制结晶；如果容器壁太粗糙，则会使形成晶核的部位太多，不利于单晶的生长，也会使晶体形状不好、缺陷多，给后面的测定单晶衍射数据带来麻烦，甚至会造成无法解晶体结构。

(2) 溶剂的选择　溶剂是影响晶体生长的一个非常重要的因素，所选溶剂的溶解性不能太好也不能太差且具有一定的挥发性，但不能挥发太快也不能太慢。如果化合物的结晶比较困难，可以尝试不同种类的溶剂，因为有些化合物在一般溶剂中不易形成结晶，而在某些溶剂中则易于形成结晶。有时溶剂的性质不仅会影响化合物结晶的难易，还会影响晶体的质量，从不同溶剂中得到的晶体的形状可能各不相同，有的晶体还可能是不规则的。但应尽量避免使用氯仿和四氯化碳之类含有重原子并且通常会在晶体中形成无序结构的溶剂；在选择阴离子时，也应尽量避免使用高氯酸根、四乙基胺之类的阴离子，因为它们也十分容易在晶体中形成无序结构。

除选用单一溶剂外，也常采用混合溶剂。一般是先将化合物溶于易溶的溶剂中，再在室温下滴加适量的难溶的溶剂，直至溶液微呈浑浊，并将此溶液微微加温或再添加适量易溶的溶剂，使溶液完全澄清后放置。

(3) 结晶速度　缓慢结晶往往是成功的关键，一般采用缓慢挥发溶剂的方法来控制结晶的速度，以求获得比较完美的晶体。快速结晶往往得到碎晶，且晶形不好。一般来讲，烧杯用滤纸或塑料薄膜封口，单口烧瓶用反口胶塞封口，然后上面用细针扎几个小眼用来挥发溶剂，同时还可防止灰尘落入，污染结晶溶液。缓慢挥发溶剂的方法比冷却法易操作、方便，但时间相对长一些。但注意最好不要让溶剂挥发完全，因为溶剂完全挥发后，容易使晶体相互团聚、粘连或沾染杂质，不利于获得质量优良的晶体，也会给收集晶体造成很大的麻烦。

（4）环境的选择　结晶容器必须静置，放在一个平稳的地方，千万不能有一丝一毫的振动，以保护晶体生长的环境稳定。否则即使能得到单晶，也会导致晶形不好，甚至产生多晶。

（5）结晶温度　不能认为温度越低越好，要想得到好的晶体，温度的选择也是很重要的。首先放在室温（必须无外界振动）一两天，看看有无结晶，如有结晶说明室温就能结出晶体，无需放置低温，而且采用室温，既方便又经济。如果室温不结晶，再考虑低温放置。如果一开始放于低温可能结晶很快，但得不到好的晶体，还可能是多晶，而不是单晶。

2.7.2 界面扩散法

选取一种可以溶解目标化合物的溶剂，制成饱和溶液（如果有必要，可以通过过滤除去其中的不溶性杂质）。寻找另一种溶剂，使目标化合物在其中不溶解（或仅微量溶解），而且这种溶剂能够和前一种溶剂混溶，并具有较低的密度（这样可减缓溶剂扩散的速度）。将第二种溶剂铺在小瓶中饱和溶液的上面。操作要小心，最好是用滴管伸进容器靠近液面缓慢滴加。在两相界面处，溶液的浓度会缓慢地变化，单晶将会沿着这个界面生长（见图 2-7）。当然，有时可看到一些混浊物。

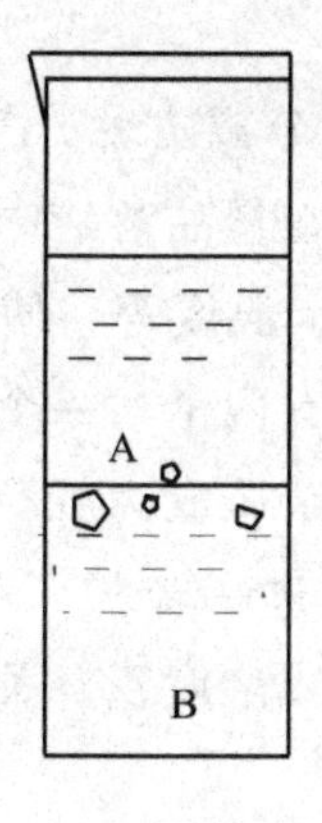

图 2-7　界面扩散法示意图

2.7.3 蒸气扩散法

选择两种对目标化合物溶解度不同的溶剂A和B，且A和B有一定的互溶性。把要结晶的化合物溶解在盛于小容器、溶解度大的溶剂A中，将溶解度小的溶剂B放在较大的容器中（见图2-8）。盖好大容器的盖子，溶剂B的蒸气就会扩散到小容器中。当然溶剂A的蒸气也会扩散到大容器中。小容器中的溶剂就变为A和B的混合溶剂，从而降低化合物的溶解度，迫使它不断结晶出来。为了进一步减慢这个过程，可将这个扩散装置放在冰箱中。

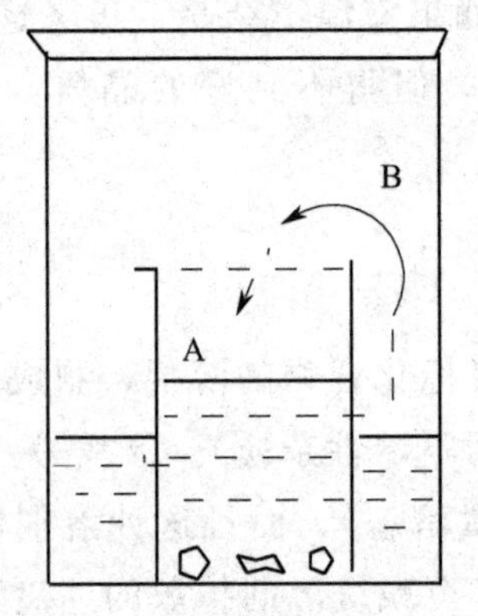

图2-8　蒸气扩散法示意图

2.8 沉淀分离法

沉淀分离法是经典的化学分离方法，它是溶质和溶剂相互交替的过程。具体来说，沉淀分离法是在样品溶液中加入某些溶剂或沉淀剂，通过化学反应或改变溶液的pH值、温度等，使分离物质以固相物质形式沉淀析出的一种方法。沉淀的目的有两个：一个是通过沉淀分离法可使有效成分浓缩（成为沉淀析出）或使杂质成为沉淀除去，二是将已纯化的产品由液态变成固态，有利于保存或进一步加工处理。能否将物质从溶液中析出，取决于分离物质的溶解度或溶度积，关键在于选择适当的沉淀剂和沉淀条件。

在应用沉淀法进行分离时，要考虑以下三种因素：①沉淀的方法和技术应具有一定的选择性，才能使目标成分得到较好分离，纯度较高；②对于一些活性物质（如酶、蛋白质等）的沉淀分离，必须考虑沉淀方法对目标成分的活性和化学结构是否破坏；③对于食品和医药中的目标成分的沉淀分离，必须考虑残留物对人体的危害。

沉淀分离技术主要用于生物工程、食品工业等领域。根据沉淀剂和沉淀条件的不同，沉淀法大致可分为溶剂沉淀法、沉淀剂沉淀法和盐析沉淀法。

2.8.1 溶剂沉淀法

溶剂沉淀法的基本原理是相似相溶的溶解性规律。根据相似相溶的溶解性规律，不同的化合物在不同溶剂中的溶解度是不同的，向样品溶液中加入某种试剂，可以使一些物质的溶解度显著降低而沉淀析出。对于水溶性的多糖、鞣质、酶、蛋白质等，向其水溶液中加入丙酮、乙醇等有机溶剂就可以使它们沉淀析出。例如果胶生产中所用的“水溶醇沉”工艺是用乙醇作沉淀剂把果胶从水溶液中沉淀出来，丹参注射液生产中所用的“水溶醇沉”工艺是用乙醇作沉淀剂把鞣质、多糖等杂质从水溶液中沉淀出来。当用醇水提取叶类植物有效成分时，往往有大量的叶绿素被提取出来，一种除去叶绿素的方法是利用叶绿素不溶于水的特性，把浸提液浓缩回收乙醇后的水溶液放置在冰箱中静置使叶绿素沉淀析出。

溶剂沉淀法分离技术的特点是：①选择性好、分辨率高，即一定浓度的有机溶剂只沉淀分离某一种或某一类组分，因为一种有机化合物往往只能在某一溶剂狭窄的浓度范围内沉淀；②沉淀后所得产品不需脱盐，残留的沉淀剂通过挥发即可除去。但有机沉淀剂对具有生物活性的蛋白质、酶类具有失活作用，条件控制不当容易使待分离物质变性，因而常常需在低温下进行操作。

溶剂沉淀法的影响因素如下。

(1) 溶剂的种类　选择合适的有机溶剂是溶剂沉淀的关键，溶剂必须是能与水相混溶的有机溶剂，如甲醇、乙醇、丙醇、丁醇、丙酮、二甲基甲酰胺、二甲基亚砜、四氢呋喃等，其中乙醇是最常用的有机溶剂。蛋白质和酶的沉淀大多采用乙醇，由于甲醇、丙酮均有一定毒性，故使用时必须谨慎。另外，乙醇还可以作为核酸、核苷酸、糖类、氨基酸、果胶等成分的沉淀剂，且安全性高。选择沉淀剂的规则是相似相溶的溶解性规律和溶度积规则，另外还要考虑沉淀剂的毒性、价格等因素。

(2) 样品的浓度　样品浓度影响沉淀的分离效果，样品浓度高，沉淀完全，但样品浓度过高时，虽然能使要沉淀的物质沉淀完全，但同时往往会发生共沉淀或包裹现象，使杂质也有一部分析出。样品浓度过稀时，用沉淀剂量过大，沉淀析出不彻底，同样分离效果不理想。不同浓度的有机溶剂能使溶质中不同的组分先后沉淀，起到分步沉淀的效果。

(3) 温度　一般情况下，物质的溶解度随温度降低而降低，因此低温往往有利于彻底析出。有时可以把要沉淀分离的物质在冰箱中放置，使沉淀析出完全。有时还可以利用不同物质在不同温度下溶解度的差别，通过温度的调节达到分离的目的。如可以利用温度差进行蛋白质的分级沉淀，但沉淀蛋白质应尽量在低温下操作，因为蛋白质对温度变化较为敏感，温度升高时，蛋白质易发生变性。从另外一个角度来讲，在有机溶剂存在下，大多数蛋白质的溶解度随温度降低而显著地减小，因此低温下沉淀得完全，有机溶剂用量也可减少。

(4) pH 值　有些物质的溶解度受 pH 值影响较大，在选择沉淀条件时也要把 pH 值这个因素考虑进去。如蛋白质和酶的沉淀往往需要控制 pH 值，它们大多数属于两性电解质，故选择其等电点处 pH 值，可最大限度地进行沉淀。在一定的有机溶剂浓度下，改变 pH 值，即可有效地选择分段沉淀，分离不同的成分。另外，pH 值与离子强度有协同作用而改变蛋白质的溶解度。

(5) 离子强度　低浓度的中性盐类增加蛋白质在有机溶剂中的溶解度，并且对蛋白质具有保护作用，防止变性。要将蛋白质从低离子强度的溶液中沉淀出来往往需要更高的溶剂浓度。

2.8.2 沉淀剂沉淀法

沉淀剂沉淀法就是向溶液中添加某种化合物，与溶液中待分离物质生成难溶性的复合物而从溶液中沉淀析出的方法。添加的化合物称为沉淀剂。沉淀剂沉淀法所依据的原理是溶度积规则。沉淀剂沉淀法有金属离子沉淀法（如铅盐沉淀法）、酸类及阴离子沉淀法、非离子型聚合物沉淀法和均相沉淀法等。

2.8.2.1 金属离子沉淀法

某些生化物质（如核酸、蛋白质、多肽、抗生素和有机酸等）能与金属盐形成难溶性的复合物而沉淀。按与生化物质作用的基团不同，可把金属离子分为三类：第一类为能与羧基、含氮化合物和含氮杂环化合物结合的金属离子，如Mn^{2+}、Fe^{2+}、Co^{2+}、Ni^{2+}、Cu^{2+}、Cd^{2+}；第二类为能与羧基结合，但不能与含氮化合物结合的金属离子，如Ca^{2+}、Ba^{2+}、Mg^{2+}、Pb^{2+}；第三类为能与巯基结合的金属离子，如Hg^{2+}、Ag^{+}、Pb^{2+}等。分离出沉淀物后，应将复合物分解，并采用离子交换法或金属螯合剂EDTA等将金属离子除去。

金属离子沉淀生化物质已有广泛的应用。如锌离子可用于沉淀杆菌肽和胰岛素等，钙离子用来沉淀乳酸、柠檬酸、人血清蛋白等。除提出生化物质外，还能用于沉淀除去杂质，例如微生物细胞中含大量核酸，它会使料液黏度提高，影响后续纯化操作，因此特别在胞内产物提取时，预先除去核酸是很重要的，锰离子能选择性地沉淀核酸。

铅盐沉淀法是分离植物成分的经典方法之一。由于乙酸铅及碱式乙酸铅在水及醇溶液中，能与多种植物化学成分生成难溶的铅盐或络盐沉淀，可以与其他成分分离。中性乙酸铅可以与酸性物质或某些酚性物质结合成不溶性铅盐，常用于沉淀有机酸、氨基酸、黏液质、鞣质、树脂、酸性皂苷、部分黄酮、果胶等。碱式乙酸铅沉淀范围更广，除了能沉淀中性乙酸铅的物质外，还能沉淀醇、酮、醛、异黄酮、部分生物碱和糖类有机物。因此，在动植物有机体的分离中，这种方法特别有价值。例如，在中草药的水或醇提取液中先加入乙酸铅浓溶液，静置后滤出沉淀，并将沉淀洗液并入滤液，再向滤液中加入碱式乙酸铅饱和溶液至不发生沉淀为止，这样就可以把原混合物分成乙酸铅沉淀、碱式乙酸铅沉淀和母液三部分，达到部位分离的目的（如图2-9）。

脱铅方法可以用硫化氢、硫酸、磷酸、硫酸钠、磷酸钠等。硫化氢法是将铅盐沉淀悬浮于新溶剂中，通硫化氢气体，使铅盐分解并转化为硫化铅而沉淀，达到除铅的目的。但硫酸铅、磷酸铅在水中仍有一定的溶解度，除铅不彻底。

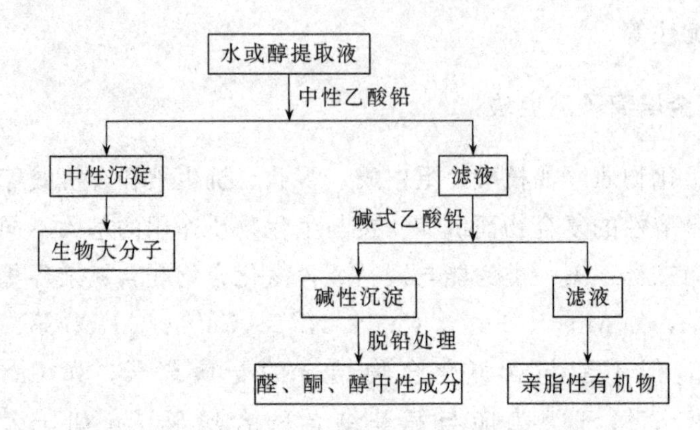

图 2-9　乙酸铅沉淀法分离植物体有机物

2.8.2.2　酸沉淀法

一些含氮的有机酸如苦酸、苦酮酸和鞣酸等能与有机分子的碱性基团反应生成难溶性的盐复合物析出，但这种盐复合物沉淀往往是属于不可逆反应，引起蛋白质发生变性，因此，需要采取预防蛋白质变性的措施，如采用温和的反应条件，并加入一定量的稳定剂（如抗坏血酸等）。

许多无机杂多酸能与氨基酸、蛋白质作用形成盐类复合物沉淀，如磷钨酸、砷钨酸、硅钨酸以及磷、砷、硼、硅的钼酸或钒酸等。反应过量的这些无机杂多酸可在无机盐溶液中由乙醚萃取出来。

2.8.2.3　非离子型聚合物沉淀法

一些非离子型多聚物（如聚乙二醇、葡萄糖等）作为沉淀剂，能将溶液的一些有机物质沉淀分离出来，如蛋白质、酶、核酸、细菌、病毒等。

非离子型聚合物沉淀法操作条件温和，不易引起生物分子的变性，少量的沉淀剂就能沉淀大量的生物大分子物质，并且沉淀后的多聚物容易除去。

聚乙二醇是应用较多的水溶性的非离子型多聚物，多用于沉淀蛋白质，其沉淀效果除与溶液的离子强度、pH 值、温度及蛋白质浓度等因素有关之外，还与沉淀剂本身的分子量及浓度有关。一般而言，聚乙二醇浓度与溶液的离子强度成反比。当pH值接近蛋白质等电点，所需聚乙二醇浓度也越低。同时在一定范围内，聚乙二醇的分子量越大沉淀效果越好。

少量聚乙二醇的除去，可将沉淀物溶于磷酸缓冲液中，然后用DEAE-纤维离子交换剂吸附蛋白质。聚乙二醇不被吸附而除去，蛋白质再用0.1mol/L氯化钾溶液洗脱，最后经透析脱盐制得成品。

2.8.2.4 均相沉淀法

均相沉淀法是通过在溶液中加入能产生沉淀剂的化学试剂，使得通过化学反应均匀产生出沉淀剂，进而均匀地产生沉淀的方法。如果直接将沉淀剂加入溶液中，容易出现局部浓度过高，产生的沉淀物过于细小或结构疏松，均匀不一，易吸附杂质影响纯度，而借助于化学反应使溶液中缓慢而均匀地产生沉淀剂，容易获得较纯净的沉淀。例如利用某种试剂的水解反应使溶液的pH值发生变化，使pH值达到一定值时就会生成沉淀。实现均相沉淀通常有以下手段。

(1) 在溶液中加入能产生沉淀剂的化学试剂，使得通过化学反应均匀产生出沉淀剂。

(2) 利用某种试剂的水解反应使溶液的pH值发生变化，使pH值达到一定值时就会生成沉淀。

(3) 将溶液与沉淀剂在某种能与水混溶的溶剂中混合，再慢慢蒸去溶剂，使之在缓冲条件下实现均相沉淀。

2.8.2.5 盐析法

盐析法又称中性盐沉淀法，此法是向溶液中加入适当中性盐充当沉淀剂。盐析沉淀是蛋白质和酶提纯工艺中最早采用，且至今仍广泛应用的方法。其原理是蛋白质在高浓度盐溶液中，随着盐浓度的逐渐增加，由于蛋白质水化膜被破坏、溶解度下降而从溶液中沉淀出来，各种蛋白质的溶解度不同，因而可利用不同浓度的盐溶液来沉淀分离各种蛋白质。蛋白质类化合物的盐析沉淀手段通常有两种：一种是在固定蛋白质溶液的pH值与温度的前提下，添加盐来调节溶液离子强度以达到沉淀蛋白质的目的。此法常用于蛋白质粗制品的分级沉淀和酶制剂的制备等。另一种是在一定的离子强度下，调节溶液的pH值或温度以达到沉淀蛋白质的目的，此法适用于蛋白质的提纯精制以及饱和结晶等。另外，在中草药有效成分提取与分离中也常常用到盐析法，它是在中草药的水提取液中加入无机盐至一定浓度，或达到饱和状态，使某些成分在水中溶解度降低而沉淀析出，达到与水溶性杂质分离的目的。例如中草药三七的水提取液中加硫酸镁至饱和状态，三七皂苷即可沉淀析出。有些成分如麻黄碱、苦参碱等水溶性较好，在提取时，往往在水提取液中加入一定量的食盐，再用有机溶剂萃取，以提高萃取效率。

盐析法的特点是成本低，不需要特别设备，操作简单、安全，对蛋白质的一些生物活性成分破坏较少，缺点是选择性不强。

常用作盐析的无机盐有氯化钠、硫酸钠、硫酸镁、硫酸铵等。在盐析沉淀条件中，中性盐的选择至关重要，一般来说，多价盐类的盐析效果比单价的效果好，阴离子的效果比阳离子的好。顺序大致如下：柠檬酸根＞酒石酸根＞PO_4^{3-}＞F^-＞IO_3^-＞SO_4^{2-}＞乙酸根＞$B_2O_3^-$＞Cl^-＞ClO_3^-＞Br^-＞NO_3^-＞ClO_4^-＞I^-＞SCN^-；Th^{4+}＞Al^{3+}＞H^+＞Ba^{2+}＞Sr^{2+}＞Ca^{2+}；Mg^{2+}＞Cs^+＞Pb^+＞NH_4^+＞K^+＞Na^+＞Li^+。在食品工业的实际应用中以$(NH_4)_2SO_4$最为常用，因其在低温下便有很高的溶解度，溶解盐时不需要加热，对于提取不耐热的酶等活性成分极为有利，不易引起蛋白质变性，对于多种酶还具有保护作用，并且价格低廉，来源丰富，废液还可用做农作物的氮肥。但要注意添加盐的纯度，避免杂质带来干扰或对蛋白质的毒害。使用带金属离子的盐类时，可考虑添加一定量的金属螯合剂如EDTA等。

无机盐可按两种方式加入溶液中，一种是直接加入固体$(NH_4)_2SO_4$粉末，工业生产常采用这种方式，加入时速度不能太快，应分批加入，并充分搅拌，使其完全溶解和防止局部浓度过高。另一种是加入硫酸铵饱和溶液，在实验室和小规模生产中或硫酸铵浓度不需太高时，可采用这种方式，它可防止溶液局部过浓，但加量较多时，料液会被稀释。

蛋白质或酶等物质经盐析沉淀分离后，产品夹带盐分，需脱盐处理。常用的脱盐处理方法有透析法、超滤法、电渗析法和葡萄糖凝胶过滤法等。

影响盐析效果的因素主要有无机盐的加入量、蛋白质的种类和浓度、溶液的pH值、离子类型和离子浓度、温度等，有关这方面的内容在前面已有介绍。

参考文献

[1] 兰州大学、复旦大学化学系有机化学教研室编．有机化学实验．第2版．北京：高等教育出版社，1994.

[2] 曾昭琼主编．有机化学实验，第3版．北京：高等教育出版社，2000.

[3] 王福来．有机化学实验．武汉：武汉大学出版社，2001.

[4] 北京大学化学学院有机化学研究所．有机化学实验．第2版．北京：北京大学出版社，2002.

[5] 汪茂田，谢培山，王忠东．天然有机化合物提取分离与结构鉴定．北京：化学工业出版社．2004.

[6] 刘成梅，游海．天然产物有效成分的分离与应用．北京．化学工业出版社，2003.

[7] 孔垂华，徐效华．有机物的分离和结构鉴定．北京：化学工业出版社，2003.

[8] 顾觉奋主编．分离纯化工艺原理．北京：中国医药科技出版社，2002.

[9] 郝少莉，仇农学．沉淀分离技术在蛋白质处理方面的应用．粮食与食品工业，2007，14（1）：20-22.

[10] 伍小红，冯学成，周建军．沉淀分离技术在食品工业中的应用．饮料工业，2005，8（5）：6-9.

[11] 张志国．应用在食品工业中的沉淀分离技术．食品研究与开发，2004，25（2）：71-74.

[12]《有机化学实验技术》编写组编．有机化学实验技术．北京：科学出版社，1978.

第3章 蒸馏技术

蒸馏是指将液态物质加热至沸腾，使其成为蒸气状态，并将其冷凝为液体的过程。任何一种液体有机物在一定的压力下都会在相应的温度时汽化沸腾，不同的液体有机物由于结构的差异导致汽化温度（沸点）不同。在一定温度下，每种液体有机物都有一定的饱和蒸气压，液体有机物的蒸气压愈高，则表明其愈易挥发。当不同的液体有机物混合后，混合物的相对挥发度在理想状态下等于同温度下各纯物质的饱和蒸气压之比。这样，当混合的液体有机物受热汽化后，蒸气中易挥发的低沸点成分较多，而难挥发的高沸点成分较少，而且同一温度下，气相组成中易挥发物质的含量高于液相组成中易挥发物质的含量。若蒸气一旦遇冷，低沸点的成分会保持为气态，而高沸点的成分则会冷凝成液态，通过这样的汽液平衡达到从混合液体中分离出挥发和半挥发性有机物的目的。蒸馏分离技术就是利用混合物中各组分沸点不同而进行分离纯化的一种实验技术。很明显，对于混合的液体有机物，尤其是挥发和半挥发的有机物，使用蒸馏技术分离是一种很好的方法。蒸馏的方法有以下几种：常压蒸馏（也称简单蒸馏或普通蒸馏，简称蒸馏）、减压蒸馏（也称真空蒸馏）、水蒸气蒸馏、共沸蒸馏、分馏（也称精馏）和分子蒸馏。

某些有机物在固态时具有很高的蒸气压，当加热时，不经过液态而直接汽化，蒸气受到冷却又直接冷凝成固体，这个过程称为升华。升华是纯化固体有机物的一种方法。利用升华不仅可以分离具有不同挥发度的固体混合物，而且还能除去难挥发的杂质。虽然升华和蒸馏处理的对象不同，但因它们具有汽化和冷凝相似的过程，所以把它们放在同一章中来讨论。

3.1 常压蒸馏

3.1.1 基本原理

纯液态物质在一定大气压下有一定的沸点，不同的物质有不同的沸点。

蒸馏操作就是利用不同物质的沸点差异对液态混合物进行分离和纯化。当液态混合物受热时，由于低沸点物质容易挥发，首先被蒸出，而高沸点物质因不易挥发或挥发出的少量气体被冷凝而滞留在蒸馏烧瓶中，从而使混合物得以分离。常压蒸馏是分离和提纯液态有机化合物常用的方法之一，是重要的基本操作。当液态混合物各组分的沸点相差很大（至少 30℃以上）时，常压蒸馏可以得到较好的分离效果。但如果各组分沸点相差不大，在蒸馏时，各组分的蒸气将同时蒸出，只不过低沸点的多一些，难以达到分离和提纯的目的，此时就需要采用分馏操作对液态混合物进行分离和纯化。

当加热盛有液体的烧瓶时，在液体底部和玻璃受热的接触面上就有蒸气的气泡形成。溶解在液体内部的空气或以薄膜形式吸附在瓶壁上的空气有助于这种气泡的形成，玻璃的粗糙面也起促进作用。这样的小气泡（称为汽化中心）即可作为大的蒸气气泡的核心。在沸点时，液体释放出大量蒸气至小气泡中。待气泡中的总压力增加到超过大气压，并足够克服由于液柱所产生的压力时，蒸气的气泡就上升逸出液面。此时，如果在液体中有许多小空气泡或其他的汽化中心时，液体就可平稳地沸腾。如果液体中几乎不存在空气，瓶壁又非常洁净和光滑，不能提供汽化中心，形成气泡就非常困难，这样加热时，液体的温度可能上升到或超过其沸点而不沸腾，这种现象称为“过热”。一旦有一个气泡形成，由于液体在此温度时的蒸气压已远远超过大气压和液柱压力之和，因此上升的气泡增大非常快，甚至将液体冲溢出瓶外，这种不正常的沸腾称为“暴沸”。蒸馏过程中的“过热”现象和“暴沸”现象的发生和避免，关系到蒸馏操作的成败，应该给予足够重视。为了消除在蒸馏过程中的“过热”现象和“暴沸”现象，因而在加热前应加入止暴剂（或称助沸物）引入汽化中心，以保证沸腾平稳。止暴剂一般是表面疏松多孔、吸附有空气的物体，如素瓷片、沸石或玻璃沸石等。另外，也可用几根一端封闭的毛细管以引入汽化中心（注意毛细管有足够的长度，使其上端可搁在蒸馏瓶的颈部；开口的一端朝下)。在任何情况下，切忌将止暴剂加至已受热接近沸腾的液体中，否则常因突然放出大量空气而将大量液体从蒸馏瓶口喷出造成危险。如果加热前忘了加入止暴剂，补加时必须先移去热源，待加热液体冷至沸点以下后方可加入。切记！如蒸馏中途停止，后来需要继续蒸馏，也必须在加热前补添新的止暴剂才安全。因为起初加入的止暴剂在加热时已逐出了部分空气，在冷却时吸附了液体，可能已经失效。另外，如果采用浴液间接加热，保持浴温不要超过蒸馏液沸点 20℃，不但可大大减少瓶内蒸馏液中各部分之间的温差，而且可使蒸气的气泡不单从烧瓶的底部上升，也可沿着液体的边沿上升，因而也可大大减少过热的可能。

纯液态有机化合物有恒定的沸点，在整个蒸馏过程中沸点变动很小，只有 0.5～1.0℃。不纯的液态有机化合物没有恒定的沸点，蒸馏过程中沸点变动很大。因此通过蒸馏不仅可以测定物质的沸点，同时还可以定性地鉴定物质的纯度。在常压下进行蒸馏时，大气压往往不是恰好为 760mmHg[①]，因而严格说来应对观察到的沸点加以校正，但由于偏差一般都很小，即使大气压相差 20mmHg，校正值也不过±1℃，因此可忽略不计。在蒸馏时实际测量的不是溶液的沸点，而是馏出液的沸点，即馏出液汽液平衡时的温度。

需要指出的是，具有恒定沸点的液体并非都是纯化合物，因为某些有机物往往能和其他组分形成二元或三元恒沸（共沸）混合物（如表 3-1），它们也有固定的沸点（I_{bp}）。而共沸混合物不能利用常压蒸馏的方法将其各个组分分离，因为在共沸混合物中，和液体平衡的蒸气组分与液体本身的组成相同。

表 3-1　常见的共沸混合物

	组分甲		组分乙		组分丙		共沸点混合物/%			
	名称	T_{bp}/℃	名称	T_{bp}/℃	名称	T_{bp}/℃	w(甲)	w(乙)	w(丙)	T_{bp}/℃
三元最低共沸点混合物	乙醇	78.3	水	100.0	苯	80.1	18.5	7.4	74.1	64.9
	乙酸乙酯	77.1	乙醇	78.3	水	100.0	83.2	9.0	7.8	70.3
二元最低共沸点混合物	乙醇	78.3	甲苯	110.5	—	—	68.0	32.0	—	76.7
	乙酸乙酯	77.1	乙醇	78.3	—	—	69.4	30.6	—	71.8
	叔丁醇	82.5	水	100.0	—	—	88.2	11.8	—	79.9
	苯	80.1	异丙醇	82.5	—	—	66.7	33.3	—	71.9
	苯	80.1	水	100.0	—	—	91.1	8.9	—	69.4
	乙酸乙酯	77.1	水	100.0	—	—	91.9	8.1	—	70.4
	水	100.0	乙醇	78.5	—	—	4.4	95.6	—	78.2

① 1mmHg=133.322Pa。

续表

二元最高共沸点混合物	组分甲		组分乙		组分丙		共沸点混合物/%			
	名称	T_{bp}/℃	名称	T_{bp}/℃	名称	T_{bp}/℃	w(甲)	w(乙)	w(丙)	T_{bp}/℃
	丙酮	56.4	氯仿	61.2	—	—	20.0	80.0	—	64.7
	甲酸	100.7	水	100.0	—	—	77.5	22.5	—	107.3
	氯仿	61.2	乙酸乙酯	77.1	—	—	22.0	78.0	—	64.5

常压蒸馏在实验室和工业生产中都有广泛的应用。其主要作用是：①分离沸点相差较大（通常要求相差30℃以上）且不能形成共沸物的液体混合物；②提纯，除去液体中的少量低沸点或高沸点杂质；③测定液体的沸点，并根据沸点变化情况粗略鉴定液体的种类和纯度；④回收溶剂，或蒸出部分溶剂以浓缩溶液。

3.1.2 蒸馏装置和安装

3.1.2.1 蒸馏装置

蒸馏装置主要由汽化、冷凝、接收三部分组成。图3-1中是几种常用的蒸馏装置，可根据需要选用。图3-1(a)是最常用的普通蒸馏装置，可用于蒸馏一般的液体化合物，但不能用于蒸馏易挥发低沸点化合物。图3-1(b)是可防潮的蒸馏装置，用于易吸潮或易受潮分解的化合物的蒸馏。如蒸馏时还放出有毒气体，则需加装一个气体吸收装置，如图3-1(c)所示。若蒸馏低沸点易燃化合物，应用热水浴，接收瓶用冰水冷却，并在接液管上连一个长乳胶管，将易燃气体通入水槽的下水管内或引出室外，装置如图3-1(d)所示。图3-1(e)装置常用于蒸馏沸点在140℃以上的液体。图3-1(f)装置则用于把反应混合物中的易挥发物质直接蒸出。图3-1(g)是连续的边滴加、边反应、边蒸出的装置，常用于蒸出大量的溶剂。

(1) 汽化部分　一般由蒸馏瓶、蒸馏头、温度计组合而成。

蒸馏瓶一般采用单口圆底烧瓶，也可用二口或三口圆底烧瓶（加料方便）。蒸馏瓶容量应由所蒸馏的液体的体积来决定。通常所蒸馏的原料液体的体积应占蒸馏瓶容量的1/3～2/3，使沸腾的面积足够大。如果装入的液体量过多，当加热到沸腾时，液体可能冲出，或者液体飞沫被蒸气带出，混入馏出液中，降低分离效果；如果装入的液体量太少，在蒸馏时，过大的蒸馏瓶中会容纳较多的气雾，冷却后即成为液体，相对地会有较多的液体残留在瓶内蒸不出来，使产品损失过多。当需要蒸馏的液体体积太大，或需要浓缩大量稀溶液，或需要将大量稀溶液蒸去溶剂以取得其中溶解的少量溶质时，可采用图 3-1(g) 的装置，一边蒸馏一边慢慢滴加溶液，这样可避免使用过大的蒸馏瓶，以期减少瓶壁黏附的损失。

温度计的量程应根据被蒸馏液体的沸点来选择，一般要高于沸点 10～20℃（当蒸馏一个含有不同沸点的混合液体时，温度计的选择应以沸点高

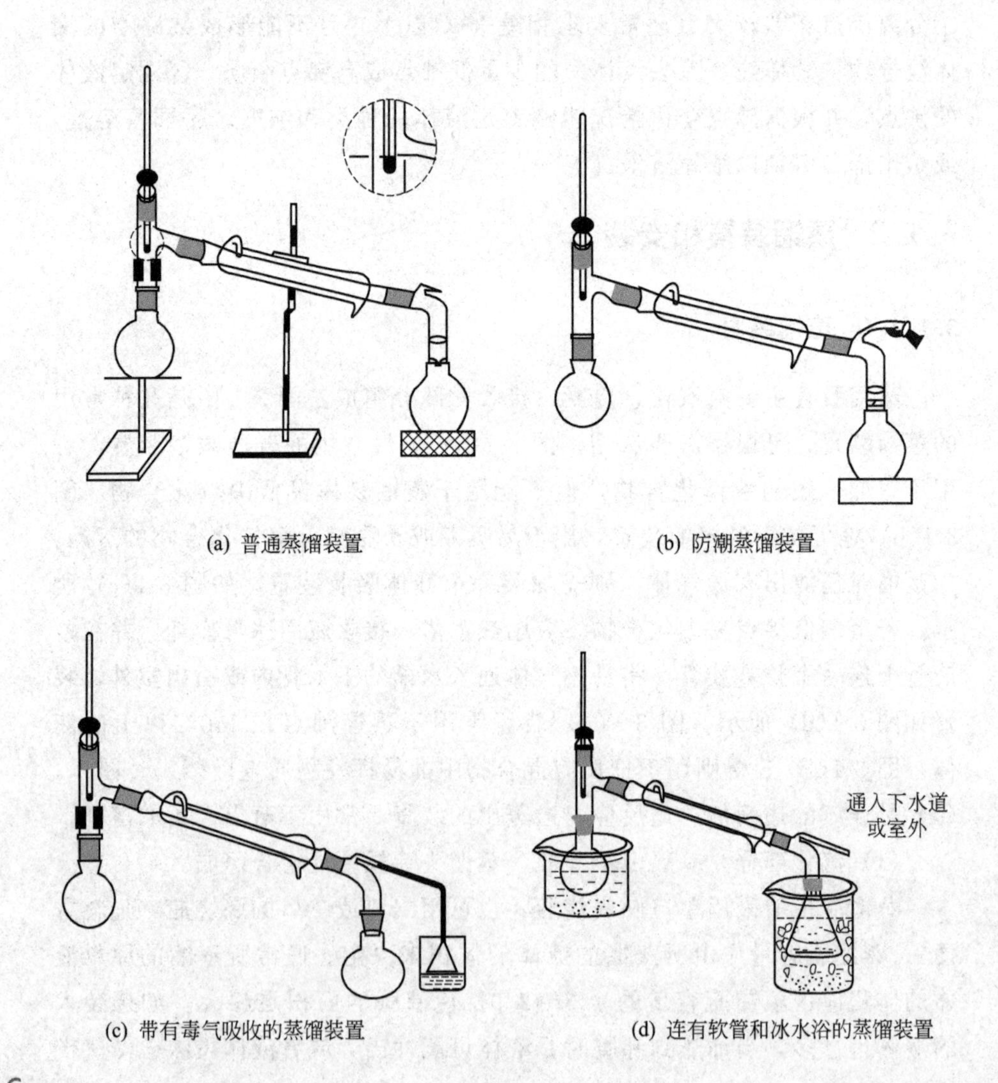

(a) 普通蒸馏装置

(b) 防潮蒸馏装置

(c) 带有毒气吸收的蒸馏装置

(d) 连有软管和冰水浴的蒸馏装置

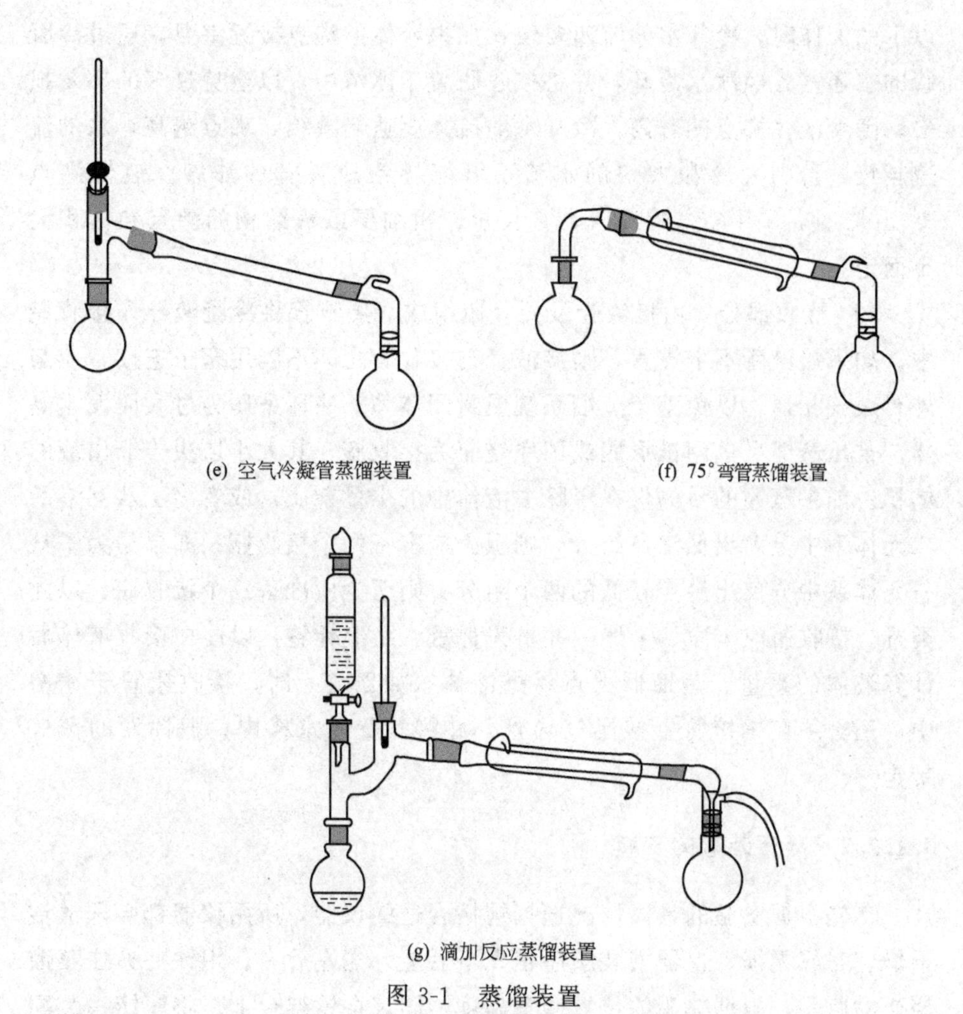

(e) 空气冷凝管蒸馏装置　(f) 75°弯管蒸馏装置

(g) 滴加反应蒸馏装置

图 3-1　蒸馏装置

的液体为准)，不宜高出太多。一般温度计测量范围越大，其精度也越差。

(2) 冷凝部分　蒸气在冷凝管中冷凝成为液体。蒸馏过程中所用的冷凝管以直形冷凝管和空气冷凝管最为普遍。一般来说，沸点<140℃的蒸馏，选用直形冷凝管为宜。直形冷凝管长短粗细，首先决定于蒸馏液体的沸点，沸点越低，蒸气越不易冷凝，故需选择长一些的冷凝管，内径也相应粗；反之，沸点越高，则蒸气越易冷凝，可用较短的冷凝管，内径也相应细。另一方面，如蒸馏物的量较多，因而所用的蒸馏瓶的容量也较大，则受热面也增加，单位时间从蒸馏瓶内排出的蒸气量也大，因此，所需冷凝管应长些和粗些。冷却水的温度和流速也很重要，当蒸馏沸点在 70℃

以下的液体时，冷却水的流速要快，如果液体的沸点接近室温，通过冷凝管的水还需先经冰水冷却，并将接收瓶置于冰浴中，以避免过多的挥发损失；随着液体沸点的升高，冷却水的流速要适当减缓，沸点越高，水的流速越慢，否则太冷和太快的水流，可能导致冷凝管的炸裂。液体沸点>140℃时，采用空气冷凝管，其长短、粗细要以蒸馏物的沸点和体积大小而定。

(3) 接收部分　由接液管及接收瓶组成，接液管将冷凝液导入接收瓶中。如果接液管不带支管，则接液管与接收瓶之间不能用塞子连接，应与外界大气相通，以免整个蒸馏系统成封闭体系，使体系压力过大而发生爆炸。常压蒸馏可选用锥形瓶或圆底烧瓶为接收瓶，其大小取决于馏出液的体积。如果蒸馏的目的仅在于除去液体中的少量杂质，或者为了从互溶的二元体系中分离出低沸点组分，则至少应准备两个接收瓶；如果是为了从三元体系中分离出沸点较低的两个组分，则至少应准备三个接收瓶，以此类推。接收瓶应干净、干燥，并事先称重，贴上标签，以便在接收液体后计算液体的重量。蒸馏低沸点易燃液体（如乙醚）时，接收瓶置于冰浴中，还必须在尾接管上接尾气导管，并将其置入水槽内，把挥发的蒸气带走。

3.1.2.2　蒸馏装置的安装

首先根据实验的具体情况选择规格合适的仪器，所用仪器都必须清洁干燥、完好无损。仪器安装顺序是先下后上，先左后右。用铁夹夹住蒸馏烧瓶的瓶颈，根据热源的位置调整高度，固定在铁架台上。将蒸馏头装配到蒸馏烧瓶的瓶颈中。把磨口温度计插入蒸馏头上磨口中（如果是普通温度计，则借助于温度计套管固定在蒸馏头的上口处）。为了保证温度测量的准确性，温度计水银球的位置应放置如图 3-1(a) 所示，即水银球的上缘恰好位于蒸馏头支管接口的下缘，使它们在同一水平线上，这样在蒸馏时水银球会完全被蒸气所包围，正确地测得蒸气的温度。安装过低，温度计读数会偏高，反之，安装过高，水银球不能全部被蒸气包围，读数偏低。

在另一铁架台上，用铁夹夹住冷凝管的中上部分，调整铁架台与铁夹的位置，使冷凝管的中心线和蒸馏头支管的中心线成一直线。移动冷凝管，把蒸馏头的支管和冷凝管严密地连接起来。冷凝管的下端侧管为进水口，用橡胶管接冷却水的水源；上端的出水口应向上，用橡胶管接入下水槽。进水和出水不能接反，以保证套管内充满水而达到最佳冷却效果。铁夹应调节到正好夹在冷凝管的中央部位。最后再装上接液管和接收器，并与大气相通。

各仪器的接头处须连接紧密，确保不漏气。各个铁夹不要夹得太紧或太松，以免损坏仪器（实际操作时，可先用手捏紧铁夹，再旋转铁夹的旋塞，这样既省力，又可防止拧得过紧或太松。拆卸仪器时也是如此）。整套仪器应准确端正，无论从正面或侧面看，各个仪器的中心线都要在同一直线上。铁架台一律整齐地置于仪器的背后。

3.1.3 蒸馏操作要点

3.1.3.1 加料

取下温度计和温度计套管，把长颈漏斗放在蒸馏头上口，经漏斗加入待蒸馏的液体，或者沿着面对支管的蒸馏头壁小心地加入，注意防止液体从蒸馏头支管流出。加入几粒沸石后安装好温度计（如果使用磁力搅拌器，就不必加入沸石，圆底烧瓶中的搅拌子可以起到沸石的作用）。如果使用二口或三口烧瓶，则可方便地从烧瓶的侧口加料和添加沸石。加料完毕后，再仔细检查一遍装置是否正确，各仪器之间的连接是否紧密。当液体量不大时，也可事先将液体和沸石直接加进蒸馏瓶，然后再依次安装其他仪器。

3.1.3.2 加热

首先选择合适的热源。有机物蒸馏，不能直火加热，一般用电热套加热，通过调节电压来控制加热的强度。也可根据不同的情况选用不同的热浴，低温（＜85℃）时，可采用水浴或水蒸气浴；温度 85～200℃时，可采用油浴（液体石蜡）；温度＞200℃时，可采用硅油浴、石墨浴（导热性好）或沙浴。多数情况下，热源的温度需比蒸馏物的沸点高 20～30℃。但加热浴温度不能过高，否则会导致蒸馏速度太快，瓶内蒸气压大于外界大气压，烧瓶炸裂，造成事故；也可能使被蒸馏物过热分解。

加热前，先向冷凝管缓缓通入冷水，把上口流出的水引入水槽中，并根据实际情况选择合适的水温和水流的大小。开始加热时，可以让温度上升稍快些，并注意观察蒸馏瓶上部和蒸馏头内的气雾上升情况。当液体开始沸腾时，调节加热温度，使水银球全部浸在蒸气中并有冷凝的液滴顺温度计滴下。此后的加热强度以使接收管下部滴下馏出液 1～2 滴/s 为宜。蒸馏的速度不应太慢，否则易使水银球不能为馏出液蒸气充分湿润而使温度计上的读数偏低或有不规则的变动；蒸馏速度也不能太快，否则由于加热过猛易使蒸馏瓶的颈部产生过热现象，使温度计读数偏高。在蒸馏过程中，温度计的水银球上应始终附有冷凝的液滴，以保证温度计的读数是汽液两相的平衡温度，此时温度计的读数就是液体（馏出液）的沸点。如果被蒸馏物沸点特别高，蒸气在没有达到蒸馏头的支管之前就大部或全部冷凝成液体，因而蒸馏速度太慢或不能蒸出时，可在蒸馏头的支管以下部分缠上石棉绳，或以石棉布包裹，使液体在“保温”下蒸出。如蒸馏产品在冷凝管中结出固体，须局部加热，以防因阻塞而发生意外事故。

3.1.3.3 馏分的收集

进行蒸馏前，至少要准备两个接收器，因为在达到需要物质的沸点之前，常有沸点较低的液体先蒸出，这部分馏出液被称为“前馏分”或“馏头”，作为杂质弃去（有时特别纯的有机物几乎没有前馏分，但为了保证分离组分的纯度，前期蒸馏的液体也少量弃去）。当前馏分蒸完，温度计的读数稳定时，另换一个洁净干燥的接收器收取。记下这部分液体开始馏出时和最后一滴时的温度读数，即是该馏分的沸程（沸点范围）。如果温度变化较大，须多换几个接收器收取，分别收集温度上升及恒定时的馏分。记录下每个接收器内馏分的温度范围。若要收取的馏分的温度范围已有规定，即可按规定收取。馏分的沸点范围越窄，则馏分的纯度越高。

3.1.3.4 停止蒸馏

通常，当一种馏分蒸馏完成时，蒸馏温度计显示的温度将下降。此时，应该更换接收瓶，或完全停止蒸馏。当已经收集到所有需要的产品，维持原来的加热温度，不再有馏出液蒸出，温度计读数突然下降时，即可停止蒸馏。即使蒸馏液中杂质很少，也不能蒸干（蒸馏瓶中要留至少1mL以上的液体），以防蒸馏瓶破裂或发生其他意外事故。去掉热源，并让整个装置冷却下来，再停止通水，然后按照与安装时相反的次序依次拆卸各件仪器，并将仪器清洗干净。称量接收瓶的质量，得到产物质量。

在蒸馏过程中还应注意以下事项。

(1) 蒸馏前，对被蒸馏物的性质应作尽可能多的了解，如沸点范围、有无爆炸因素等，以便采取相应的处理办法。例如，了解被蒸馏物的沸点范围，对热浴及冷凝管的选择就极为有利。乙醚、四氢呋喃等，久置后可能形成过氧化物，故在蒸馏之前需先检查并除去，以免过氧化物在蒸馏过程中浓缩而引起爆炸；多硝基混合物或肼类的溶液在浓缩到一定程度时也会造成爆炸，这样的液体在蒸馏时必须采取相应的安全预防措施。

(2) 有机物蒸馏，应在通风橱中进行，以防中毒。加热时，放下通风橱挡板，操作人员戴上防护面罩，这样可以避免意外伤害。

(3) 切记！蒸馏装置不能成封闭系统，因为一旦在封闭系统中进行加热蒸馏，随着压力的升高，会引起仪器破裂或爆炸。

(4) 在进行蒸馏操作时，要时刻观察蒸馏的进展状况，并做好实验记录，实验人员不能远离实验台，更不能离开实验室，以防止意外事故的发生，如停水、停电等。也不宜做其他与实验无关的事情，如聊天、打电话、上网等。

3.2 减压蒸馏

在平常大气压下进行的蒸馏叫常压蒸馏，其优点是操作方便，应用广泛。但是一些有机物在常压蒸馏时，未达沸点就已受热分解、氧化、聚合或发生分子重排；还有一些高沸点的化合物，因其沸点太高而难以蒸馏。这种情况下，就可采用减压蒸馏，使物质在较低的温度下汽化，避免因温度过高而发生其它反应，增加蒸馏效果。减压蒸馏是分离和提纯高沸点和性质不稳定的液体以及一些低熔点固体有机物的常用方法。

3.2.1 基本原理

液体的沸点是指它的蒸气压等于外界大气压时的温度，所以液体沸腾的温度是随外界压力的降低而降低的。因而如果用真空泵连接盛有液体的容器，使液体表面上的压力降低，即可降低液体的沸点。这种在较低压力下进行蒸馏的操作称为减压蒸馏。

减压蒸馏时物质的沸点与压力有关。在进行减压蒸馏之前，应先从文献中查阅该物质在所选择压力下的沸点，这对具体操作和选择合适的温度计都有一定的参考价值。如果文献中缺乏此数据，可用下述经验规律大致推算：当压力降低到 2666Pa（20mmHg）时，大多数有机物的沸点通常比常压（101325Pa，760mmHg）下低 100～120℃左右；当减压蒸馏在 1333～3333Pa（10～25mmHg）之间进行时，大体上压力每降低 133Pa（1mmHg），沸点降低约 1℃。也可以用有机液体的沸点-压力的经验计算图（图 3-2）来查找，即从某一压力下的沸点便可近似地推算出另一压力下沸点。

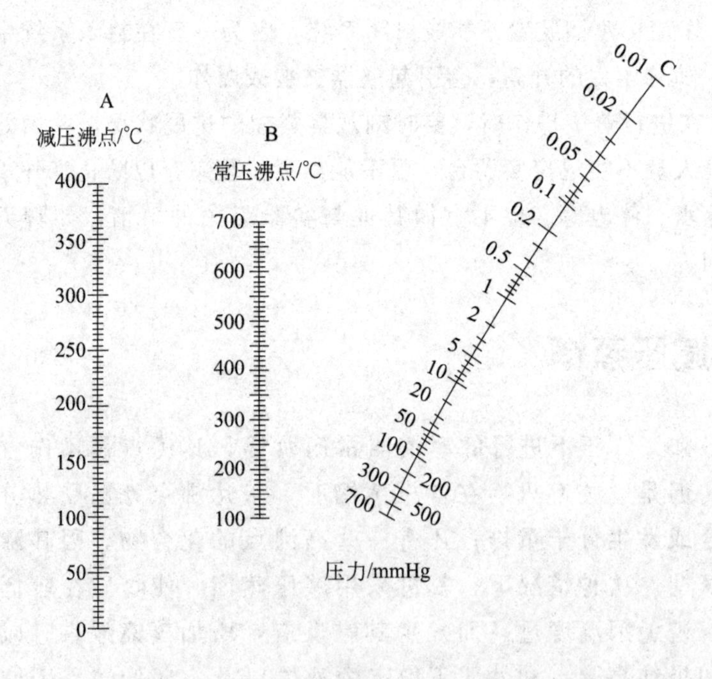

图 3-2　有机液体的沸点-压力的经验计算图

该图的具体使用方法：分别在两条线上找出两个已知点，用一把小尺子将两点连接成一条直线，并与第三线相交，其交点便是要求的数值。例如，水在760mmHg时沸点为100℃。若求20mmHg时的沸点可先在B线上找到100℃这一点，再在C线上找到20mmHg，将两点连成一条直线并延伸至A线与之相交，其交点便是20mmHg时水的沸点（22℃）。利用此图也可以反过来估计常压下的沸点和减压时要求的压力。

绝对的真空在事实上是不可能得到的。所谓真空只是相对真空，我们把任何压力较常压为低的气态空间称为真空。因此真空在程度上有很大的差别，不同的真空系统，其内部压强各不相同，通常以系统内剩余气体的压强来比较各个真空系统的"真空程度"，称作"真空度"。真空度越高，系统内剩余气体的压强就越小。为了应用方便，常常把不同程度的真空划分成几个等级。

(1) 低真空（或称粗真空）（气压10～760mmHg，1.33～101kPa） 一般在实验室中可用水泵获得。水泵的抽空效力与水压、泵中水流速率及水温有关。好的水泵所达的最大真空度受水的蒸气压力所限制，理论上相当于当时水温下的水蒸气压力。水源温度在3～4℃时，水泵可达6mmHg (0.8kPa) 真空度；水源温度在20～25℃时，最高只能达到17～35mmHg (226～3.33kPa)。在不同温度下，水的蒸气压力见表3-2。

表3-2 温度在1～30℃时水的蒸气压力

t/℃	p/mmHg	t/℃	p/mmHg
1	1.9	16	13.6
2	5.3	17	14.5
3	5.7	18	15.4
4	6.1	19	16.4
5	6.5	20	17.4
6	7.0	21	18.5
7	7.5	22	19.7
8	8.0	23	20.9
9	8.6	24	22.2
10	9.2	25	23.5
11	9.8	26	25.0
12	10.5	27	26.5
13	11.2	28	28.1
14	11.9	29	29.8
15	12.7	30	31.6

(2) 中度真空（或称次高真空）（气压 0.001～10mmHg，0.133～1333kPa） 一般可用油泵获得，普通油泵应能抽到 1～0.1mmHg (133.3～13.3Pa) 的真空度，高效油泵最高可达到 0.001 mmHg (0.133 Pa) 左右。

(3) 高真空（<0.133Pa，0.001mmHg） 主要用扩散泵获得。

减压蒸馏并不是要使用尽可能高的真空度，这不仅是因为高真空对仪器仪表和操作技术的要求都很精密严格，而且也因为在高真空条件下液体的沸点降得太低使冷凝和收集蒸气变得很麻烦，所以凡是较低的真空度能满足要求时，就不谋求更高的真空度。减压蒸馏所选择的工作条件通常是使液体在 50～100℃之间沸腾，据此确定所需要的真空度。这样对热源的要求不苛刻，蒸气的冷凝也不困难。当然，如果所用真空泵达不到所需真空度，也可以让液体在 100℃以上沸腾。但是，如果液体对热很敏感，则应使用更高的真空度，以便使其沸点降得更低一些。事实上，在有机化学实验中需要使用高真空的情况很少，绝大多数有机物液体都可以在低真空或中度真空的条件下，在不太高的温度下就能被蒸馏出来。

3.2.2 减压蒸馏装置

常用的减压蒸馏装置由蒸馏、抽气、测压以及保护四部分组成，如图 3-3。

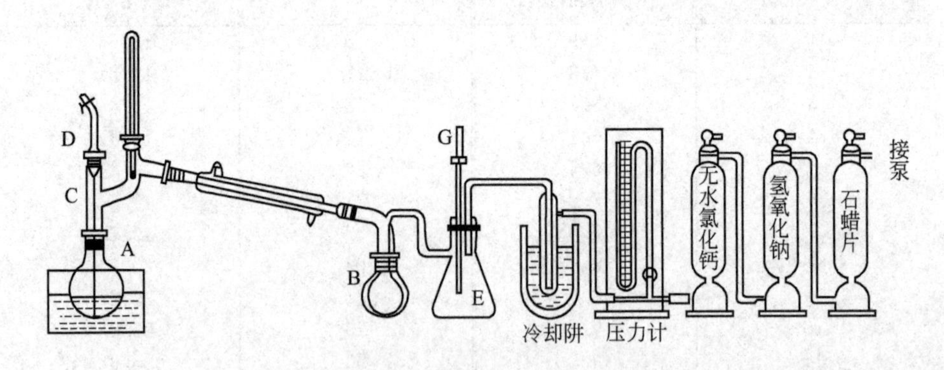

图 3-3 减压蒸馏装置

A—蒸馏烧瓶；B—接收器；C—克氏蒸馏头；D—毛细管、螺旋夹；E—缓冲用的吸滤瓶；G—二通

3.2.2.1 蒸馏部分

通常由圆底烧瓶、克氏蒸馏头、毛细管（带有毛细管和螺旋夹）、温度计、冷凝管、真空接液管和接收器等组成。这部分装置与普通蒸馏装置相似，只是所有仪器都必须耐压。

减压蒸馏要用克氏（Claisen）蒸馏烧瓶，它有两个颈，目的是防止蒸馏时瓶内液体剧烈沸腾冲入冷凝管中［在减压蒸馏过程中，很容易发生暴沸。因为一滴液体在5070Pa（38mmHg）时挥发所形成的蒸气体积，比常压下约大20倍，大气泡从液体冲出会造成猛烈的飞溅。使用克氏蒸馏烧瓶，可以防止飞溅的液体冲入冷凝管中］。在磨口仪器中可用圆底烧瓶和克氏蒸馏头组装成克氏蒸馏烧瓶。克氏蒸馏头的侧直口插入温度计（最好是磨口的，不易漏气），其量程应高于被蒸馏物的减压沸点30℃以上，温度计水银球的上沿与克氏蒸馏头的支管口下沿在同一水平线上。克氏蒸馏头的直口插一带有磨口的玻璃管，玻璃管下端拉成毛细管，一直伸到离瓶底1～2cm处，玻璃管的上端套一段弹性良好的橡皮管（最好在橡皮管中插入一段细铜丝或铁丝，以免因螺旋夹夹紧后不通气），并装上螺旋夹来调节空气的流量，使有极少量的空气进入液体，冒出连续的微小气泡，成为液体沸腾时的汽化中心，防止暴沸，使蒸馏平稳地进行。如果被蒸馏物易于氧化，可经毛细管导入惰性气体，防止氧化。也可用磁力搅拌替代毛细管，烧瓶中的搅拌磁子在旋转时可防止暴沸，保障平稳蒸馏。而且，在磁力搅拌下减压蒸馏容易获得比较高的真空度，蒸馏易氧化的物质时也无需用惰性气体来保护，比使用毛细管更方便、简单，现在实验室的减压蒸馏大都采用这种方法。

根据蒸出液体的沸点不同，选择合适的热浴和冷凝管。由于减压蒸馏时一般将馏出温度控制在50～100℃之间，所以多数情况下用直形冷凝管。如果减压沸点在140℃以上，应选用空气冷凝管。如果蒸馏的液体量少而且沸点颇高，或者是低熔点固体，可不用冷凝管而采用图3-4装置。进行减压蒸馏时，应控制热浴的温度比液体的沸点高20～30℃；蒸馏沸点较高的物质时，最好用石棉绳或石棉布包裹克氏蒸馏头，以减少热损失。

接收器用抽滤瓶、蒸馏烧瓶或梨形瓶，但不可用锥形瓶或平底烧瓶。

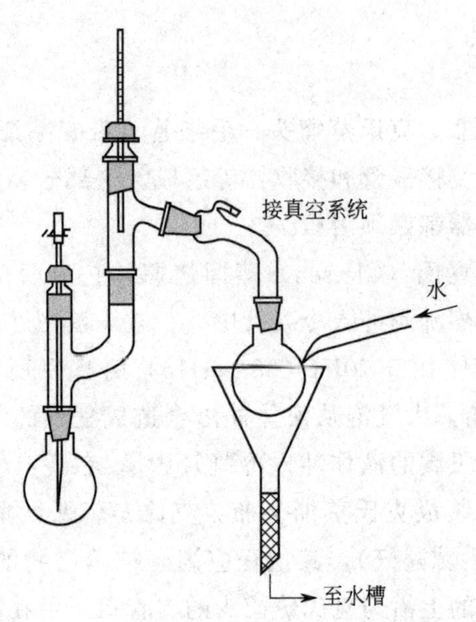

图 3-4　不用冷凝管的减压蒸馏装置

如果要分段接收馏分而又不要中断蒸馏，则可用多尾接液管（一般是三叉燕尾管），多尾接液管与接收器连接起来，转动多尾接液管就可使不同的馏分进入指定的接收器中。

3.2.2.2　保护及测压部分

这部分主要包括安全瓶、冷却阱、测压计和吸收塔。如图 3-5 所示。

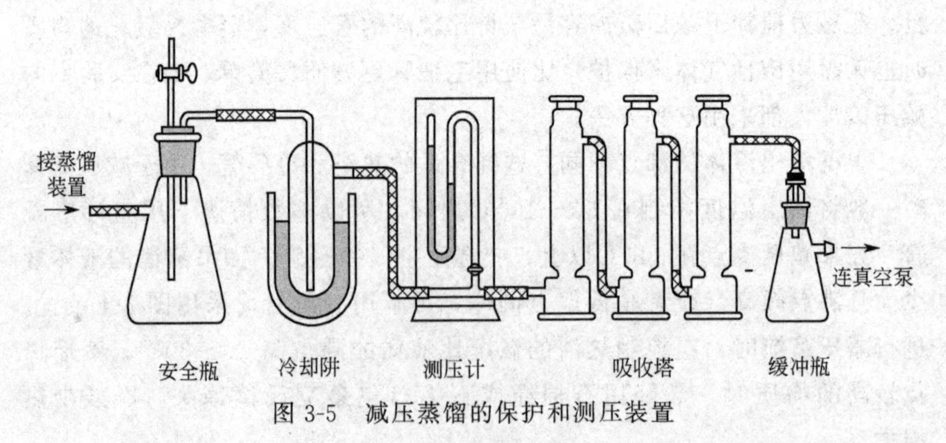

图 3-5　减压蒸馏的保护和测压装置

（1）安全瓶　安装在接收器与冷却阱之间，一般用壁厚耐压的吸滤瓶，瓶口上装一个二孔橡皮塞。一孔插二通活塞，其活塞以上部分拉成毛细管；另一孔插导管，导管与冷却阱相连接。安全瓶的作用一是用以调节系统压力使之稳定在所需真空度上；二是在实验结束或中途需暂停时从活塞缓缓放进空气解除真空；三是防止油泵中的泵油或水泵中的水倒吸入接收瓶中，造成产品污染；四是防止物料进入减压系统。

(2) 冷却阱　其构造如图 3-6 所示，将其放在盛有冷却剂的广口保温瓶中，其作用在于将沸点甚低、在冷凝管中未能被冷凝下来的蒸气进一步冷却液化，以免其进入油泵。冷却剂的选用视需要而定，常用的冷却剂有：液氮（－195～－210℃）、干冰 ＋ 丙酮（－70～－80℃），结晶氯化钙与碎冰（－54.9℃，143g $CaCl_2 \cdot 3H_2O$＋100g 碎冰）、食盐＋碎冰（－21.3℃，33g 氯化钠＋100g 碎冰）。

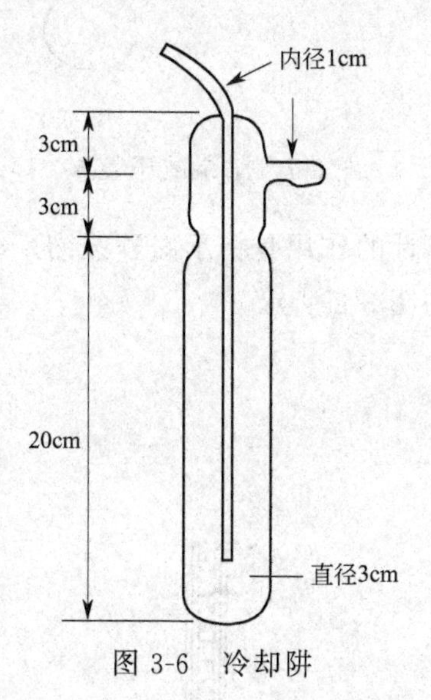

图 3-6　冷却阱

(3) 吸收塔　吸收塔又称干燥塔，吸收塔的作用在于吸收水蒸气、酸性气体和有机物蒸气（主要是烃类），以免其污染泵油，腐蚀机件，降低油泵所能达到的真空度。因为油泵吸收有机物蒸气后，有机蒸气可以溶解于泵油中，水蒸气凝结在泵里会使泵油乳化，这二者都会增加泵油的蒸气压，使油泵的真空度降低；而酸性气体会腐蚀泵的机件，破坏气密性。通常设二至三个。前一个装无水氯化钙（或硅胶），用来除去水蒸气；后一个装颗粒状的氢氧化钠，用来除去酸性蒸气。有时还需加一个装石蜡片的吸收塔，用来吸收烃类等有机气体。要注意应及时更换填充物，否则起不到保护真空泵的作用；平时不用时，应将吸收塔封闭起来，以免水蒸气进入。如果用水泵进行减压蒸馏，可不用冷却阱和吸收塔，如图 3-7 所示。

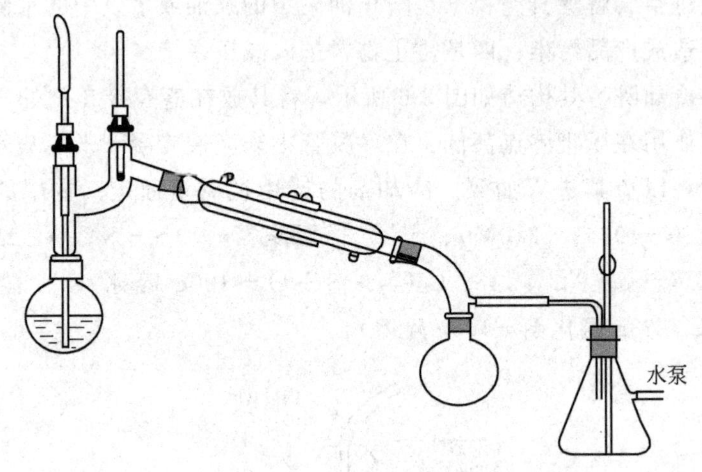

图 3-7　水泵减压装置

（4）测压计　测压计的作用是指示减压蒸馏系统的压力。实验室中常用的是水银压力计，如图 3-8 所示。

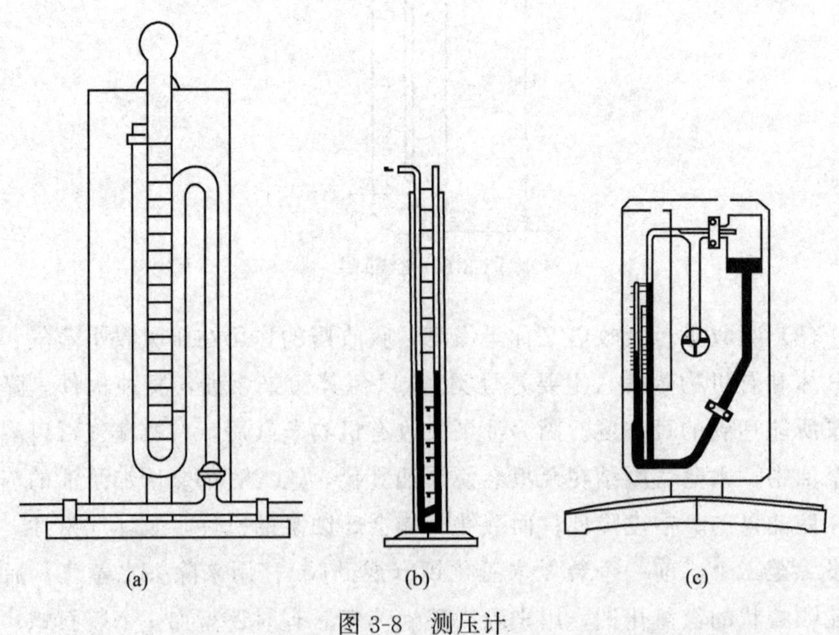

图 3-8　测压计

图 3-8(a) 为封闭式水银压力计，两臂液面高度之差即为蒸馏系统中的真空度。测定压力时，可将管后木座上的滑动标尺的零点调整到右臂的汞柱顶端线上，这时左臂的汞柱顶端线所指示的刻度即为系统的真空度。其优点是短小轻巧，读数方便，较为安全；缺点是装汞较麻烦，常常因为有残留空气富集与左臂的上端，使测量不够准确。图 3-8(b) 为开口式水银压力计，两臂汞柱高度之差，即为大气压力与系统中压力之差。因此蒸馏系统内的实际压力（真空度）应是大气压力减去这一压力差。开口式压力计两臂长度均需超过 760 mm，装载水银较多，比较笨重，读数方式也比较麻烦，由于开口，水银蒸气易逸散到空气中，较不安全；但读数比较准确，装汞也较容易。图 3-8(c) 为转动式麦氏真空规，是用来测量较高真空度的压力表，当体系内压力降至 1mmHg 以下时使用，测量真空快而简单。但使用时应注意以下几点：①看真空度读数时应先开启真空系统的活塞，稍过一会儿再将表慢慢转至直立状，注意旋转不能过快；②比较毛细管水银应升至零点；③看完读数后应将表立即慢慢恢复横卧式，再看时再旋转；④不看真空度时应关闭通真空系统的活塞。所有的压力计使用时都应避免水或其他污物进入压力计内，否则将严重影响其准确度。

(5) 缓冲瓶　安装在吸收塔与油泵之间，一般用壁厚耐压的吸滤瓶。其作用是，当系统内压力发生突然变化而导致泵油倒吸时，避免泵油冲入吸收塔。

3.2.2.3 减压部分

化学实验室通常使用的减压泵有循环水泵和油泵两种。根据实验要求，即根据所分离的液体的沸点，选择不同真空度大小的真空泵。真空度越高，操作越麻烦，所以能用水泵时就不用油泵，否则非但自寻麻烦（装置复杂）而且会导致产品损失（沸点低容易被抽走），甚至损坏油泵（低沸点物质抽入真空泵中）。

若不需要很低的压力时可用水泵，如果水泵的构造好，且水压又高时，其抽空效率可以达到 1067～3333Pa (8～25mmHg)。水泵所能抽到的最低压力，理论上相当于当时水温下的水蒸气压力。例如，水温在 25℃、20℃、10℃时，水蒸气压力分别为 3200Pa、2400Pa、1203Pa (24mmHg、18mmHg、9mmHg)。

若要较低的压力，那就要用油泵了。油泵的效能决定于其机械结构和油的质量（油的蒸气压必须很低），好的油泵应能抽到133.3Pa（1mmHg）以下。一般使用油泵时，系统的压力常控制在666.6～1333Pa（5～10mmHg）之间，因为在沸腾液体的表面上要获得666.6Pa（5mmHg）以下的压力比较困难。这是由于蒸气从瓶内的蒸发面逸出经过瓶颈和支管（内径为4～5mm）时，需要有133.3～1066.6Pa（1～8mmHg）的压力差。如果要获得较低的压力，可选用短颈和支管粗的克氏蒸馏瓶。油泵结构较精密，工作条件要求较严，使用时必须注意防护，防止有机物蒸气、水蒸气和酸性气体侵入，降低抽真空效能。如蒸馏物中含有低沸点物质，可先用水泵减压蒸除，然后改用油泵。

3.2.3 减压蒸馏操作要点

不同的减压蒸馏装置，其操作程序大同小异，以下仅介绍使用油泵减压蒸馏的一般操作程序。其他形式的减压蒸馏装置可参照操作。

3.2.3.1 装置的安装

首先根据具体的实验要求来选择合适的仪器。减压蒸馏的成功与否，与所选用的仪器有密切关系。因此应该注意以下几点。①蒸馏瓶应选用圆底烧瓶或梨形瓶，不得选用平底瓶；蒸馏瓶的大小，应使所加被蒸馏物质最多不得超过其体积的二分之一。②根据被蒸馏物的沸点，选择合适的温度计、冷凝管以及冷却阱所用的冷却剂。③根据被蒸馏物的性质，确定吸收塔的数量和吸收塔的填料。④根据被蒸馏物组分的多少和量的大小，确定接收瓶的数量和大小，而且要预先称重，以便计算产品质量。⑤所有的玻璃仪器都应是厚壁的和完好无损的，否则，在减压时易发生爆炸事故。⑥根据被蒸馏物的沸点，选择合适的加热浴，浴温应比被蒸馏物质的沸点高出20～30℃，不可直火加热。

用油泵进行减压蒸馏的经典装置如图3-3所示。将选定的仪器按照图3-3从热源开始逐件安装，各磨口接头处均应涂上一薄层真空油脂并旋转至透明，蒸馏部分的玻璃仪器中轴线应在同一平面内。在安装时还应注意：①连接仪器所用的胶管必须是新的、厚壁耐压的橡胶管，以防在减压时被抽瘪；②使用多尾接液管时，最好用橡皮筋或弹簧夹固定接收瓶，以防掉下；③安装冷却阱时勿将进、出气口接反。

减压蒸馏能够顺利进行的先决条件是系统不漏气。所以，仪器安装好后需先试系统是否漏气，其具体操作如下：旋紧毛细管上螺旋夹，打开安全瓶上活塞，接通电源，油泵开始运转后缓缓关闭安全瓶上活塞。抽气数分钟后慢慢打开压力计活塞，观察可否达到预期真空度。如能，表明漏气轻微，不需再作密封。如不能，说明漏气严重，可用螺丝夹夹紧尾接管与安全瓶间的橡皮管，再观察压力计读数。如可达到所需真空度，说明漏气在蒸馏部分，应放开螺旋夹，逐个旋动各磨口接头处，观察对压力计读数有无影响，直至找到漏气部位。如夹紧尾接管后的橡皮管仍不能达到所需真空度，则说明漏气处在保护及测压部分，应逐步向后检查，直至找到漏气部位。找到漏气后即可进行密封。凡是磨口对接处漏气，大多是加进了固体微粒或对接不同轴造成的，也可能是没有用真空油脂润滑好的缘故，只要将磨口擦净，重新涂好真空油脂，调整对接角度旋转至透明即可。凡橡皮管（塞）与玻璃连接处漏气，多属于口径不合或橡皮老化，应用石蜡熔封或更换橡皮管（塞）。密封操作是在解除真空后进行的，密封后应重新开泵检漏，直至达到或超过所需真空度，方可进行下面的操作。

3.2.3.2 减压蒸馏操作要点及注意事项

(1) 加料　检查装置不漏气后，拔去装毛细管的塞子，用长颈漏斗加入待蒸馏的液体，液体量不应超过蒸馏瓶容积的二分之一，加完后重新装好毛细管。如果用二口瓶或三口瓶代替单口瓶，可方便地从瓶的测口加料。

(2) 稳定工作压力　旋紧毛细管上的螺旋夹，打开安全瓶上活塞，启动油泵。慢慢关闭安全瓶上活塞，调整毛细管上螺旋夹使毛细管下端有连续平稳的小气泡冒出（如果无气泡，可能是毛细管已阻塞，应予更换），再细心调节安全瓶上活塞使压力计读数稳定在所需的真空度上。

(3) 加热蒸馏　待系统压力稳定后，接通冷却水，缓缓加热升温，热浴的温度一般比被蒸馏物质的沸点高出20～30℃。当开始有液体馏出时，调节加热强度，控制馏出速度以1～2滴/s为宜。开始时可能有低沸点馏分，待观察到沸点稳定不变时，转动燕尾管收接所需馏分。纯物质的沸点范围一般不超过1～2℃。

(4) 停止蒸馏　蒸馏完毕，除去热浴，慢慢旋开夹在毛细管上的橡皮管的螺旋夹，待稍冷却后（因为有些化合物较易氧化，热时突然放入大量空气可能会发生爆炸事故），慢慢打开安全瓶上的活塞，使测压计的水银柱缓慢地恢复原状，然后关闭油泵。关闭冷却水，取下接收瓶并称重。拆去冷却阱，并将冷却阱中的低沸点物质倒出。依次拆除蒸馏部分的各件仪器（与安装时的顺序正好相反），洗净备用。

减压蒸馏时的注意事项如下：①在使用油泵进行减压蒸馏前，通常要对待蒸馏物做预处理，或在常压下进行简单蒸馏，或在水泵减压下蒸馏，以蒸除低沸点组分。②如果所分离物质易氧化，可经毛细管通氮气保护，或用磁力搅拌代替毛细管。③减压蒸馏时，务必要达到所要求的低压且压力稳定后，方可开始加热，否则易发生暴沸。④在整个蒸馏过程中，都要密切注意观察压力计上所示的压力、温度计的度数和馏出液的馏出速度，记录压力、沸点等数据变化，以便及时发现问题，采取相应的措施。⑤如遇毛细管折断、堵塞或发生其他故障需中途停顿时，可按照减压蒸馏结束时的操作程序处理。如果停顿时间较久，还需关闭冷却水，待故障排除后再重新开始。⑥停止蒸馏时，旋开螺旋夹和打开安全瓶活塞均不能太快，使压力计中的水银柱慢慢地恢复到原状，如果引入空气太快，水银柱会很快地上升，有冲破U形管压力计的可能。⑦只有待内外压力平衡后，才可关闭油泵，以免倒吸。⑧为安全起见，在减压蒸馏过程中，务必戴上护目眼镜。

实验室也常用旋转蒸发仪来进行减压蒸馏以蒸出溶剂或浓缩溶液。旋转蒸发仪装置如图3-9所示，蒸馏烧瓶是一个带有标准磨口接口的梨形或圆底烧瓶，通过一回流蛇形冷凝管与减压泵相连，回流冷凝管的另一开口与带有磨口的接收烧瓶相连，用于接收被蒸发的有机溶剂。在冷凝管与水泵之间有一三通活塞，当体系与大气相通时，可以将蒸馏烧瓶、接液烧瓶取下，转移溶剂；当体系与减压泵相通时，则体系应处于减压状态。作为蒸馏的热源，常配有相应的恒温水槽。

旋转蒸发仪的基本原理就是减压蒸馏，使用时应先减压（以防蒸馏烧瓶在转动中脱落），再开动电动机转动蒸馏瓶，然后将蒸馏瓶放进加热浴，并选择合适的浴温，根据实际情况确定蒸馏瓶转动的速度；结束时，应先让蒸馏瓶离开加热浴，再停止蒸馏瓶转动，然后通大气并取下蒸馏瓶，关

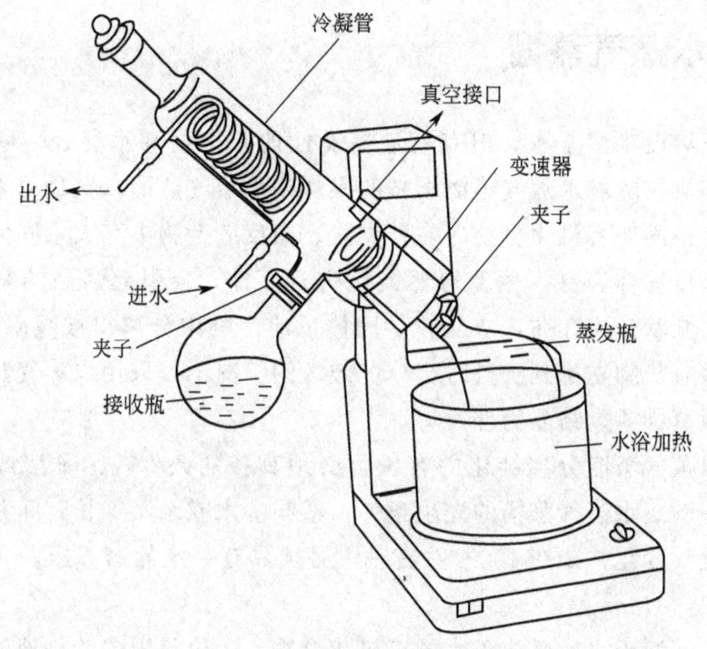

图 3-9 旋转蒸发仪的构造

闭水泵。

旋转蒸发仪的优点是由于蒸发器的不断旋转，不仅可以增大料液的蒸发面，加快蒸发速度，还可以免加沸石而不会暴沸。旋转蒸发仪是理想的浓缩溶液、回收溶剂的装置，主要用于在减压条件下连续蒸馏大量易挥发性溶剂，尤其适于对萃取液的浓缩和色谱分离时的接收液的蒸馏；也可以用于分离和纯化反应产物。

使用时应注意如下事项。①每次蒸馏液体的量不应超过蒸馏瓶体积的二分之一，如果被蒸馏物的量较大，可分批加入。②当温度高、真空度高、旋转速度较快时，尤其是瓶内出现固体后，瓶内液体可能会暴沸。此时，及时转动插管三通开关，通入适量冷空气降低真空度，并适当放慢旋转速度，以使蒸馏平稳地进行。③开始蒸馏时，一定要先减压，并用夹子固定蒸馏瓶，达到一定真空度后再旋转蒸馏瓶，以防蒸馏烧瓶在转动中脱落。④停止蒸发时，先停止加热，再切断旋转电源，系统通大气，最后停止抽真空，以防倒吸。若烧瓶取不下来，可趁热用木槌轻轻敲打，以便取下。

3.3 水蒸气蒸馏

把不溶或难溶于水，但有一定挥发性的有机物和水混合，通入水蒸气，使有机物随着水蒸气蒸馏出来的操作叫水蒸气蒸馏，它是用来分离和提纯液态或固态有机化合物的一种方法。当反应产物中有大量固体（混合液中有大量固体存在，用普通蒸馏法进行蒸馏，会引起强烈的暴沸和起泡）或树脂状杂质存在，或从较多固体反应产物中分离出被吸附的液体，或者某些有机物在达到沸点时会分解破坏的情况下，采用水蒸气蒸馏，效果较普通蒸馏或重结晶为佳。

用水蒸气蒸馏分离纯化的有机物必须具备的条件：①不溶或难溶于水，这是满足水蒸气蒸馏的先决条件；②与沸水或水蒸气长时间共存不发生任何化学变化；③在100℃左右时，必须具有一定的蒸气压，一般不少于1333Pa（10mmHg）。

许多不溶于水或微溶于水的有机化合物，无论是固体还是液体，只要在100℃左右具有一定的蒸气压，即有一定的挥发性时，若与水在一起加热就能与水同时蒸馏出来。利用水蒸气蒸馏可把这些有机化合物同其他挥发性更低的物质分开而达到分离提纯的目的，也可避免不稳定的或沸点较高的物质从混合物蒸出分解的可能。水蒸气蒸馏也广泛用于从天然产物中分离液体或某些固体物质。

3.3.1 基本原理

两种不混溶的挥发性物质A和B混合在一起，每一组分都独立蒸发，互不干扰，每一组分在某温度下的分压（p_A和p_B）就等于纯物质在该温度下的蒸气压（p_A°和p_B°），即$p_A=p_A^\circ$，$p_B=p_B^\circ$。因此，其总气压与混合物中各组分的“物质的量”无关，在蒸馏过程中其蒸气的组成保持恒定（对于相互混溶的混合液体来说，每一组分的分压与物质的量的分数有关，在蒸馏过程中蒸气的组成要发生变化）。根据道尔顿（Dalton）分压定律，在某一温度下，两种互不相溶的挥发性有机混合物液面上的总蒸气压力为该温度时各组分蒸气压之和：$p_{总}=p_A+p_B=p_A^\circ+p_B^\circ$。显然，任何温度下混合物的总蒸气压力，总是大于任一组分的蒸气压。

当混合物中各组分蒸气压总和等于外界大气压时，混合物开始沸腾，此时的温度即为它们的沸点。显然，互不混溶的混合物的沸点要比任何一个组分单独存在时的沸点还要低。换句话说，有机物可以在低于沸点的温度条件下被蒸出。对于水蒸气蒸馏而言，在常压下用水蒸气（或水）作为其中的一相，能在低于100℃的情况下将高沸点组分与水一起蒸出来。因此利用水蒸气蒸馏可以把那些热稳定性较差和在较高温度下要分解的物质在低于100℃的温度下蒸馏出来。蒸馏时混合物的沸点保持不变，直至其中一组分几乎全部移去（因总的蒸气压与混合物中二者间的相对量无关），温度才上升至留在瓶中液体的沸点。例如，水的沸点为100℃，甲苯为110℃，当两者混合在一起进行水蒸气蒸馏时，沸腾温度为84.6℃，在此温度下水的蒸气压为565529Pa（424mmHg），甲苯为44796Pa（336mmHg），两者之和等于101325Pa（760mmHg），即一个标准大气压。因此，要在100℃或更低温度蒸馏化合物，水蒸气蒸馏是有效的方法。

混合蒸气中各气体分压（p_A，p_B）之比等于它们的物质的量之比（n_A，n_B表示此两物质在一定体积的气相中的物质的量），即：

$$n_A/n_B=p_A/p_B$$

而$n_A=m_A/M_A$，$n_B=m_B/M_B$，其中m_A、m_B为各物质在一定体积中蒸气的质量，M_A、M_B为其相对分子质量。因此

$$\frac{m_A}{m_B}=\frac{n_A M_A}{n_B M_B}=\frac{p_A M_A}{p_B M_B}$$

可见，这两种物质在馏出液中的相对质量（就是它们在蒸气中的相对质量）与它们的蒸气压和相对分子质量成正比，而与混合物中各组分的绝对数量无关。那么，在水蒸气蒸馏中，馏出液中有机物与水的质量比可按下式计算：

$$\frac{m_{有机物}}{m_{水}}=\frac{p_{有机物}M_{有机物}}{p_{水}M_{水}}$$

例如，1-辛醇的沸点为195℃，1-辛醇的相对分子质量为130，对1-辛醇进行水蒸气蒸馏时，1-辛醇与水的混合物在99.4℃沸腾。通过查阅手册不难得知，纯水在99.4℃时的蒸气压约为99192Pa（约744mmHg）。按分压定律，水的蒸气压与1-辛醇的蒸气压之和等于101325Pa（760mmHg），因

此 1-辛醇在 99.4℃时的蒸气压约为 2133Pa（约 16mmHg），在馏出液中 1-辛醇与水的质量比为：

$$\frac{m_{1\text{-辛醇}}}{m_{水}}=\frac{2133\times130}{99192\times18}\approx0.155$$

即每蒸出 1g 水，便有 0.155g 1-辛醇被蒸出，因此馏出液中水的质量分数为 87%，1-辛醇的质量分数为 13%。这个数值为理论值，而实际上得到的有机物比理论值低，因为实验时有相当一部分水蒸气来不及与被蒸馏物作充分接触便离开蒸馏烧瓶，同时，许多有机物在水中或多或少有一定的溶解，因此这样的计算只是近似的。

一般情况下，物质的相对分子质量越大，其蒸气压越低。如果物质的蒸气压在 100℃时为 133.3～666.6Pa（1～5mmHg），则其在馏出液中的含量仅占 1%左右，甚至更低，因而不能使用常规的水蒸气蒸馏方法。为了使馏出液中物质的含量增高，就要想办法提高此物质的蒸气压，也就是说要提高温度，使蒸气的温度超过 100℃，即要用过热水蒸气蒸馏。例如，苯甲醛的沸点为 178℃，进行水蒸气蒸馏时，在 97.9℃沸腾，此时水的蒸气压为 93792.3Pa（703.5mmHg），苯甲醛的蒸气压为 7532.7Pa（56.5mmHg），馏出液中苯甲醛的含量为 32.1%。假如通入 133℃的过热蒸气，这时苯甲醛的蒸气压可达 29330.9Pa（220mmHg），因而只要有 71994.1Pa（540mmHg）的水蒸气压，就可使体系沸腾。因此

$$\frac{m_{苯甲醛}}{m_{水}}=\frac{220\times106}{540\times18}\approx2.4$$

馏出液中苯甲醛的含量可提高到

$$\frac{2.4}{1+2.4}\approx70.6\%$$

所以在实际操作中，可用过热水蒸气蒸馏在 100℃时具有 133.3～666.6Pa（1～5mmHg）蒸气压的物质。为了防止过热蒸气冷凝，可将盛蒸馏物的瓶置于油浴中，保持和蒸气相同的温度。

能用水蒸气蒸馏分离的有机化合物，有其自身的结构特点，例如，许多邻位二取代苯的衍生物比相应的间位与对位化合物随水蒸气挥发的能力要大（见表 3-3）；能形成分子内氢键的化合物如邻氨基苯甲酸、邻硝基苯甲醛、邻硝基苯酚等都能随水蒸气蒸发。

表 3-3 若干二元取代苯随水蒸气的相对挥发度

苯环上的取代基	位置			苯环上的取代基	位置		
	邻	间	对		邻	间	对
COOH,Cl	4.08	4.38	1	$NHCOCH_3$,NO_2	43.1	2.00	1
COOH,CH_3	4.49	2.81	1	NH_2,NO_2	47	9.49	1
$NHCOCH_3$,Cl	6.61	0.60	1	OH,NO_2	160.0	3.32	1
COOH,NO_2	20.90	7.30	1	COOH,OH	1320	5.00	1

3.3.2 水蒸气蒸馏装置

常用的水蒸气蒸馏装置是由水蒸气发生器和蒸馏装置两部分组成的，这两部分通过T形管连接。图 3-10 是实验室中经典的一种非磨口仪器安装的水蒸气蒸馏装置。

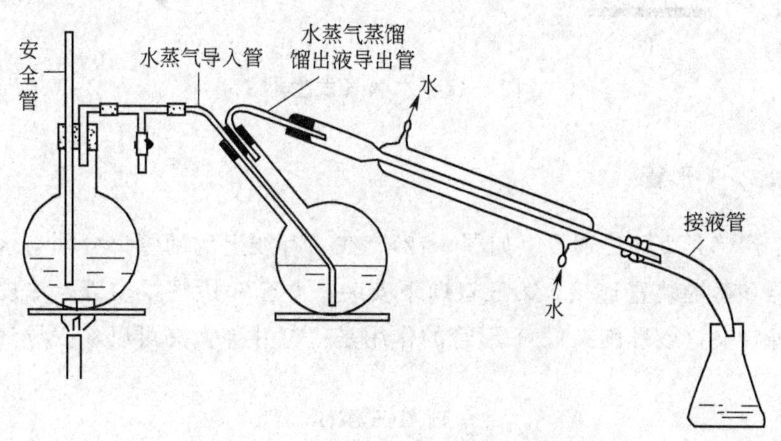

图 3-10 非磨口仪器水蒸气蒸馏装置

3.3.2.1 水蒸气发生器

水蒸气发生器有两种，如图 3-11 所示。一种是由铜或铁板 A 制成的发生器，见图 3-11(a)，在装置的侧面安装一个水位计（或称液面计）B，以便观察发生器内水面的高度，通常盛水量以其容器的 3/4 为宜，如果太满，沸腾时水将冲至烧瓶。在发生器的上边安装一根长玻璃管 C，C 管的下端几乎插到水蒸气发生器的底部，距底部距离约 1～2cm，称为安全管，可用来调节体系内部的压力并可防止系统发生堵塞时出现危险。如果容器内气压太大，水可从玻璃管上升，以调节内压；如果系统发生堵塞，水便会从管的上口喷出，防止发生爆炸危险。蒸气出口与T形管连接。另一种最简单、最常用的是由大的圆底烧瓶组装而成的简易水蒸气发生器，见图3-11(b)。

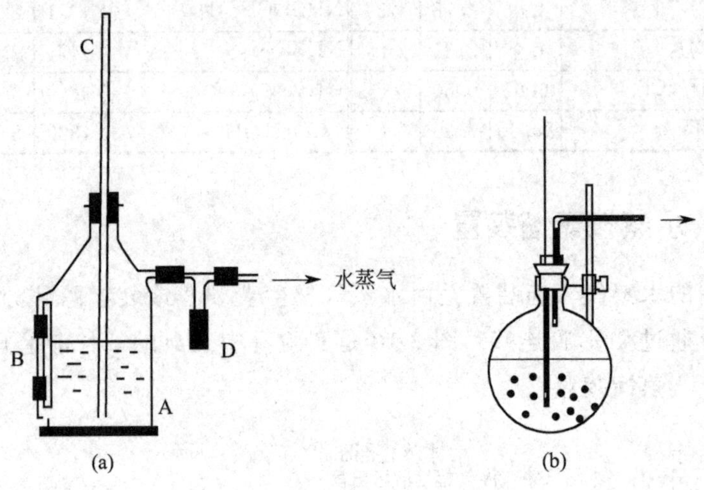

图3-11 水蒸气发生器

3.3.2.2 T形管

T形管是直角三通管（如图3-12），在一直线上的两管口分别与水蒸气发生器和蒸馏装置连接，第三口向下安装，并套一段短橡皮管，橡皮管上配以弹簧夹（或螺旋夹）。T形管的作用是：打开弹簧夹可以除去导气管中

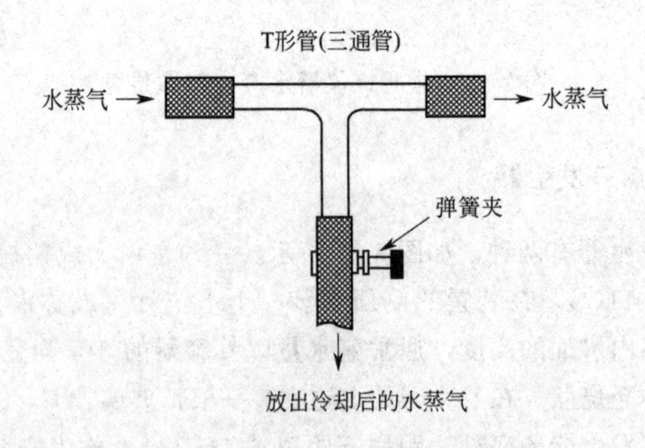

图3-12 T形管装置

冷凝下来的水分；在蒸馏结束或中途停顿时打开弹簧夹可使系统内外压力平衡，以免蒸馏瓶内的液体倒吸入水蒸气发生器中；在操作中，如果发生不正常现象，应立刻打开弹簧夹，使体系与大气相通，以免发生危险事故。

3.3.2.3 蒸馏部分

蒸馏部分通常采用长颈圆底烧瓶，为防止飞溅的液体泡沫被蒸气带入冷凝管，被蒸馏液体的加入量不超过烧瓶容积的1/3，并将烧瓶的位置向发生器的方向倾斜45°。由于许多反应是在三口瓶中进行的，可直接用该三口瓶作为水蒸气蒸馏的蒸馏瓶，以避免转移被蒸馏物的麻烦和产物的损失。水蒸气导入管的末端应弯曲，使之垂直地正对瓶底中央并伸到接近瓶底，以便水蒸气和蒸馏物质充分接触并起搅动作用。蒸馏瓶可置于电热套或油浴中，当蒸馏瓶中积液过多时可适当加热赶走一部分水。由于水蒸气蒸馏时混合蒸气的温度大多在90～100℃之间，所以冷凝管总是用直形的。接收瓶可用锥形瓶、圆底瓶或平底瓶等。

现在实验室中使用的基本上都是磨口仪器，图3-13为目前实验室中最常用的一种水蒸气蒸馏装置（水蒸气发生器除外）。其中克氏蒸馏头的作用在于防止蒸馏瓶中的液体因跳溅而冲入冷凝管。磨口仪器安装简单，操作方便，不易漏气。

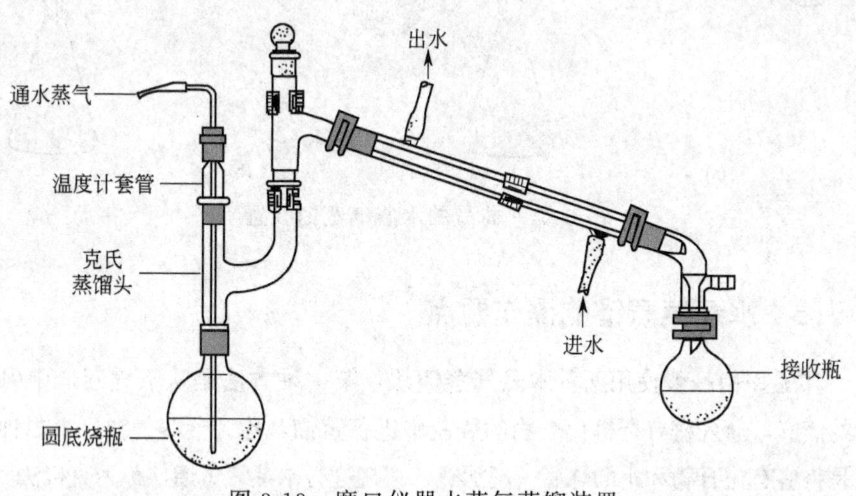

图3-13 磨口仪器水蒸气蒸馏装置

图3-14是一种更为简易的水蒸气蒸馏装置。它不用水蒸气发生器，

操作方法更简单，将待分离有机物和适量的水放入蒸馏瓶中进行简单蒸馏即可。当蒸馏瓶内的水不足时，可通过滴液漏斗补加水。如果使用装置图 3-14(a) 进行水蒸气蒸馏容易使混合物溅入冷凝管，使有机物纯化受到影响，那么采用图 3-14(b) 装置来操作就可以有效地避免这个问题。不过，由于克氏蒸馏头的弯管段较长，蒸气易冷凝，影响有效蒸馏。此时，可用玻璃棉等绝热材料缠绕，以避免热量损失，从而提高蒸馏效率。如果蒸馏物质的量较少时，采用这种简单装置就显得更为适宜、方便、有效。有时甚至连滴液漏斗也不用安装，直接用简单蒸馏装置进行水蒸气蒸馏。

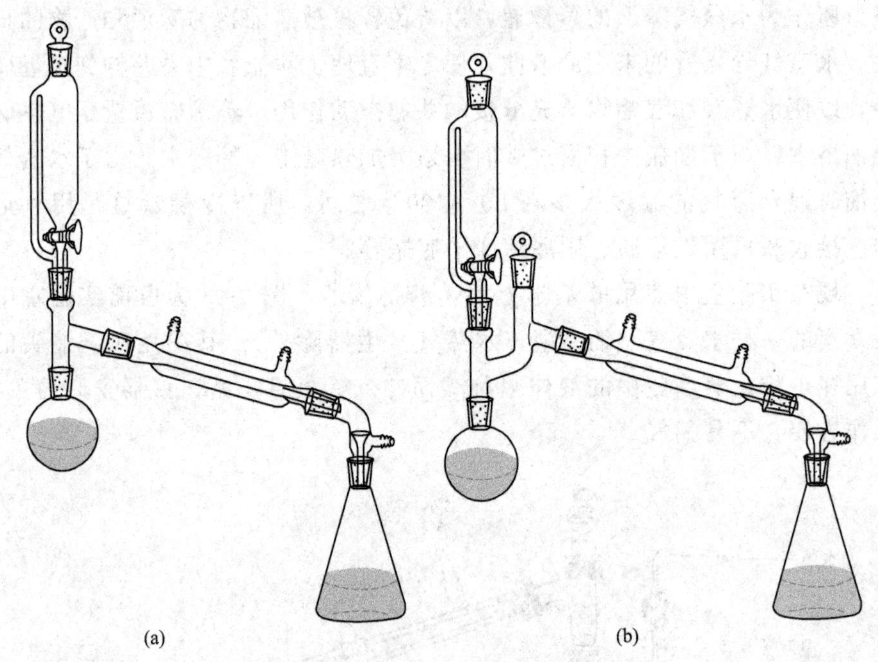

图 3-14 简易的水蒸气蒸馏装置

3.3.3 水蒸气蒸馏的操作要点

实验室中一般使用两种水蒸气蒸馏法：第一种方法是从蒸气管道中引入活的蒸气，通入盛有有机化合物的烧瓶中进行蒸馏，称为活蒸气法。第二种方法是将盛有化合物和水的烧瓶一起加热，直接进行水蒸气蒸馏，称为直接法。

活蒸气法应用广泛，尤其适用于高分子量（低蒸气压）的物质，此法甚至可用于挥发性固体的水蒸气蒸馏。按照图 3-10 或图 3-13，根据具体的实验情况，选择规格合适的仪器，并按相应的装置图自下而上、从左到右依次装配各件仪器，各仪器的中轴线应在同一平面内。水蒸气发生器与蒸馏装置的连接应尽可能紧凑，连接管路越短越好，否则水蒸气冷凝后会降低蒸馏瓶内温度，影响蒸馏效果。

在水蒸气发生器中加入容积3/4的水，将蒸馏物倒入圆底烧瓶，其量不得超过烧瓶容积的1/3。装料完毕后，需检查装置是否漏气。开始蒸馏前先将螺旋夹打开，加热水蒸气发生器至水沸腾，当T形管的支管有水蒸气冲出时，开启冷却水，再旋紧螺旋夹，让水蒸气均匀地通入圆底烧瓶中，这时烧瓶内的混合物翻滚不息，水蒸气蒸馏即开始。有机物和水的混合物蒸气经过冷凝管冷凝成乳浊液进入接收器，控制加热速度或调节进气量，使蒸气能全部在冷凝管中冷凝下来，馏出速度2～3滴/s为宜。当被蒸物质全部蒸出后，蒸出液由混浊变澄清，此时不要结束蒸馏，要再多蒸出10～20 mL的透明馏出液方可停止蒸馏。

结束蒸馏时，应先打开螺旋夹，再停止加热。稍冷后关闭冷却水，取下接收瓶，然后按照与安装时相反的次序依次拆除各件仪器。如果被蒸出的是所需要的产物，则为固体者可用抽滤回收，是液体者可用分液漏斗回收。如果留在蒸馏瓶中的是所需要的产物，则应根据产物的性质，再采取合适的方法进行回收提纯。

水蒸气蒸馏中的注意事项如下。①要注意液面计和安全管中的水位变化。若水蒸气发生器中的水蒸发将尽，应暂停蒸馏，取下安全管，加水后再重新开始蒸馏；若安全管中水位迅速上升，说明蒸馏装置的某一部位发生了堵塞，亦应暂停蒸馏，待疏通后再重新开始蒸馏。②需中断蒸馏时，一定要先打开连接于水蒸气发生器与蒸馏装置之间的T形管上的螺旋夹，使体系通大气，然后再停止加热。重新开始时应先加热水蒸气发生器至水沸腾，当T形管开口处有蒸气冲出时再旋紧螺旋夹。③在蒸馏过程中若因水蒸气冷凝而使蒸馏瓶内液体量增加，以至超过烧瓶容积的2/3，或者蒸馏速度较慢时，可将蒸馏烧瓶用电热套或油浴加热。但要注意瓶内蹦跳现象，蹦跳厉害时，要停止加热。④要控制好加热速度和冷却水流速，使蒸气在冷凝管中完全冷却下来。如果随水蒸气挥发的物质具有较高的熔点，在冷凝后易于析出固体，则应调小冷凝水的流速，使它冷凝后仍然保持液态。如已有固体析出，并且接近阻塞时，要暂时停止冷凝水的流通，甚至需要将冷凝水暂时放去，以使物质熔融后随水流入接收器中。当重新开通冷却水时，要缓慢小心，防止冷凝管因骤冷而破裂。⑤当馏出液不再浑浊时，可用试管取少量馏出液，观察是否有油珠状物质，如果没有，表明蒸馏已完成，可停止蒸馏。如果装置中配有温度计，也可根据馏出液的沸点来判断蒸馏是否完成，当温度计的读数至100℃恒定时，即可停止蒸馏。

直接法在实验上较为方便。对于挥发性液体和数量较少的物料（它们在100℃左右须具有较高的蒸气压），此法非常适用。

直接水蒸气蒸馏的装置与简单蒸馏相同，如果需要，也可采用图3-14的装置进行，以便在必要时补充水。将待蒸馏的物质和适量的水一起放入蒸馏瓶中，加入沸石，安装好装置即可加热蒸馏。当蒸馏接近结束时，蒸出液由浑浊变澄清。蒸馏结束后，先去掉热源，拆下接收瓶后，再按顺序拆卸其他部分。

直接水蒸气蒸馏装置及操作简单，它主要用于无固体存在的混合物的蒸馏，因为固体会引起过度暴沸，还可能会产生大量泡沫，使直接法蒸馏变得难以进行。为避免对固体物质蒸馏引起过度暴沸，消除起泡现象，可以采用带电磁搅拌功能的加热源，在蒸馏烧瓶中加入磁子，边加热边搅拌。

3.4 分馏

简单蒸馏可以有效地分离两种或两种以上沸点相差较大（至少大于30℃）的液体混合物。而对于两种或两种以上沸点相差较小的、或沸点接近的液体混合物来说，利用简单蒸馏则难以达到有效的分离，虽然可通过分别收集大量的最初蒸出液和残留液，并反复多次进行简单蒸馏，能够分离出一定量的纯物质，但显然这样太烦琐，也是不现实的。若要获得良好的分离效果，就必须采用分馏的方法。所谓分馏就是应用分馏柱来使两种或两种以上沸点差较小的或沸点接近的液体混合物进行分离和提纯的操作。简单地说，分馏实际上就是连续多次的简单蒸馏。在实验室采用分馏柱来实现，在工业上则采用精馏塔。

分馏在化学工业和实验室中广泛应用于产品的分离纯化、溶剂的回收，尤其是当需要分离的混合物量较大时往往是其他方法所不能代替的。分馏可依其分离效果优劣粗略地分为简单分馏和精密分馏（简称精馏）两大类。现在最精密的分馏设备已能将沸点相差仅1～2℃的混合物分离。

3.4.1 基本原理

如果将几种沸点不同而又完全互溶的液体混合物加热，当其总蒸气压等于外界压力时开始沸腾汽化，蒸气中易挥发组分所占的比例比原液相中所占的比例要大。蒸气进入分馏柱（一支具有特定内部结构或在其内部装有某种填料的竖直安装的圆柱）后，由于柱的内外存在温差，还会多次受到固体（柱的内部结构或填料）和液体（向下滴落的液滴以及填料表面的液膜）的阻挡，使其在分馏柱中部分冷凝成液体。由于高沸点液体的蒸气较易于液化，所以这样的液体中含有较多的高沸点组分，而未能液化下来、继续保持上升的蒸气中则含有较多的低沸点组分。这些蒸气在上升途中又会遇到从上面滴下的液滴，并把部分热量传给液滴和柱外，自身又经历一次部分液化。同时，接受了部分热量的液滴则会发生部分汽化，形成的蒸气中低沸点组分的含量又比未汽化的那一部分液滴中丰富。这样，在整个分馏过程中，上升的蒸气不断地与下降的液滴发生热量传递和物质交换，每一次交换都使蒸气中的低沸点组分得到进一步富集，当它升至柱顶的出料口时，已经经历了很多次的汽化-液化-汽化的过程，即相当于经历了多次的简单蒸馏，从而获得了很好的分离效果。在同一过程中，下降的液滴也在经历着能量交换和物质交换，只是每次交换都使其中的高沸点组分得到富集。最后，这些液滴陆续回到柱底的蒸馏瓶中，并再度被蒸发出来，蒸馏瓶中的高沸点组分就越来越浓。这样很难或不能用反复的简单蒸馏所能分开的混合液体，如果选用适当的分馏柱，则只要经过一次或少数几次分馏，便可完全分开了。

对于任何分馏系统，要得到满意的分馏效果，必须具备以下条件：在分馏柱内蒸气与液体之间可以相互充分接触；分馏柱内，自下而上，保持一定的温度梯度；分馏柱要有一定的高度；混合液内各组分的沸点有一定的差距。

在分馏过程中，有时可能得到与单纯化合物相似的混合物，它也有固定的沸点和固定的组成，其气相和液相的组成也完全相同，因此不能用分馏法进一步分离。这种混合物称为共沸混合物（或恒沸混合物）。共沸混合物虽不能用分馏来进行分离，但它不是化合物，它的组成和沸点随压力而改变，用其他方法破坏共沸组分后再蒸馏可以得到纯粹的组分。

3.4.2 简单分馏

3.4.2.1 简单分馏装置

简单分馏装置和简单蒸馏装置类似，不同之处是在蒸馏烧瓶和蒸馏头之间加了一根分馏柱，如图 3-15 所示。

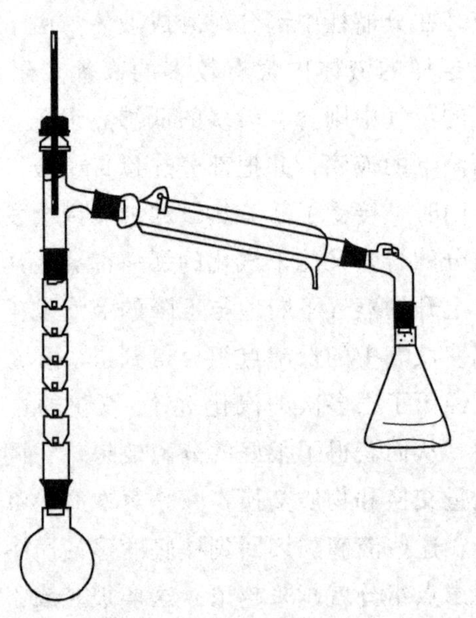

图 3-15 简单分馏装置

分馏柱有多种类型，简单分馏常用刺形分馏柱，又称韦氏（Vigreux）分馏柱。它是一支带有数组向心刺的玻璃管，每组有三根刺，各组呈螺旋状排列。其优点是不需要填料，分馏过程中液体极少在柱内滞留，易装易洗；缺点是分馏效率不高。

分馏装置的安装方法及安装顺序与蒸馏装置的相同。所有的玻璃仪器都必须干燥。在安装时，要注意保持烧瓶与分馏柱的中心轴线上下对齐，使“上下一条线”，不要出现倾斜状态。将分馏柱用石棉绳、玻璃布或其他保温材料进行包扎，以减少柱内热量的散发。温度计的安装高度应使其水银球的上沿与分馏柱支管口下沿在同一水平线上。另外，还要准备 3～4 个干燥、清洁、已知重量的接收瓶，以收集不同温度馏分的馏液。

3.4.2.2 简单分馏操作要点

简单分馏操作和简单蒸馏大致相同。将待分馏的混合物放入圆底烧瓶中，加入沸石。选择合适的热浴加热，同时开通冷却水，液体沸腾后要注意调节浴温，使蒸气慢慢升入分馏柱，约 10～15 min 后蒸气到达柱顶。在有馏出液滴出后，调节浴温使得蒸出液体的速度控制在 2～3 滴/s，这样可以得到比较好的分离效果。记录第一滴馏出液滴入接收瓶时的温度，然后根据具体情况或要求分段收集馏分，并记录各馏分的沸点范围和质量。

要很好地进行分馏必须注意下列几点事项。①分馏一定要缓慢进行，要控制好恒定的蒸馏速度。若加热太猛，蒸出速度太快，整个柱体自上而下几乎没有温差，这样就达不到分馏的目的，甚至回流液来不及流回至烧瓶，就被上升蒸气冲入冷凝器中，降低了分离效率；若加热速度慢，蒸出速度也慢，过多的回流液体聚集在柱内，减少了液体和蒸气的接触面积，从而影响分馏效果。②要使有相对量的液体自柱流回烧瓶中，要选择合适的回流比。所谓回流比，是指冷凝液流回蒸馏瓶的速度与柱顶蒸气通过冷凝管馏出速度的比值。回流比越大，分离效果越好，回流比的大小根据物系和操作情况而定，一般回流比控制在 4∶1，即冷凝液流回蒸馏瓶为每秒 4 滴，柱顶馏出液为每秒 1 滴。③必须尽量减少分馏柱的热量失散和柱温波动，使柱内保持一定的温度梯度，维持柱内气液两相间的热平衡，防止蒸气在柱内冷凝太快。④分馏柱柱高是影响分馏效率的重要因素之一。一般来讲，分馏柱越高，上升蒸气与冷凝液之间的热交换次数就越多，分离效果就越好。但是，如果分馏柱过高，则会影响馏出速度。⑤分馏所用的热源要比简单蒸馏精细一些，能够严格控制和保持稳定。通常，油浴是一个很好的热源。⑥如果分馏柱的效率不高，则会使中间馏分大大增加，馏出的温度是连续的，没有明显的阶段性与区分。对于出现这样问题的实验，要重新选分馏效率高的分馏柱，重新进行分馏。⑦注意不要蒸干，以免发生危险。

3.4.3 精密分馏

3.4.3.1 精密分馏的装置

实验室用的精密分馏装置尽管形式不一，但都是由热源、蒸馏瓶、分馏柱、分馏头、接收器、保温器等部分组成的。工业上则是以各种形式的精馏塔来实现精馏目的。图 3-16 是实验室最常用的一种精密分馏装置。

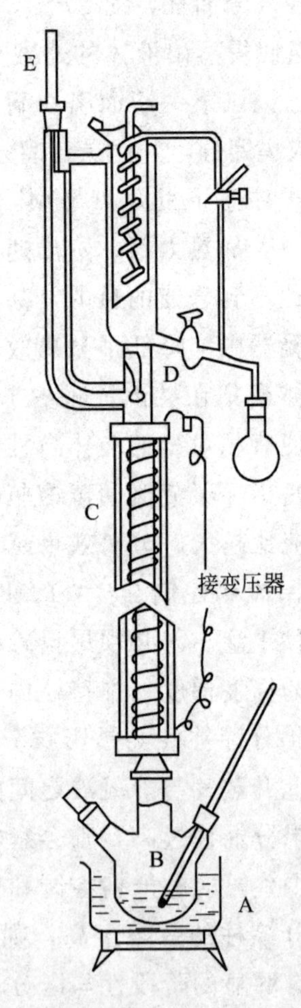

图 3-16 精密分馏装置

A—热浴；B—三口瓶；C—分馏柱；D—活塞；E—温度计

(1) 热源和蒸馏瓶　分馏用的热源比简单蒸馏要求高，主要要求是加热均匀、稳定、可调、不受或很少受外界因素（如风力、气温等）的影响，一般采用油浴或电热套作为热源。蒸馏瓶一般使用二口烧瓶或三口烧瓶，方便加料和测温。

(2) 分馏柱　分馏柱是决定分馏成败的最关键因素。实验室常用的是填充式管状分馏柱，它是一根两头带有磨口的玻璃管，内装填料，以增加表面积，使气液相充分接触，有利于热交换，从而提高分馏效率。

填料是决定分馏效率的重要因素，其品种和样式很多，效率各异，可根据被分离物质的性质与精制的要求来选择。常见的填料有：①玻璃珠填料，效率较低，但宜于用来处理腐蚀性物质；②单环或多环螺旋形填料，其材料可用不锈钢丝或玻璃丝，分馏效率决定于螺旋直径和丝的粗细；③三角形线圈填料，材料用金属丝，效率较高；④网圈填料，系金属网制成，效率较高；⑤波形填料，它是用100目的金属网在滚网机上模压制成，在柱中各波形填料之间互成直角，其特点是阻力小而分馏效率较高。在填装填料时，填料不能装得太紧或不均匀，填充物之间要保留一定的空隙，否则会导致蒸馏困难，降低其应有的分离效率。

分馏柱高度是影响分馏柱分馏效率的另一个重要因素。分馏柱越高，其分馏效果越好。选择分馏柱时，要依据被分馏混合物的组成、性能和数量来确定，分馏柱的高度要求，不是愈高愈好，而是要选得恰如其分。对某一分馏对象，如果分馏柱的分馏能力低了，便不能达到预期的分馏效果。但如分馏能力太高，不但对使用的分馏柱来说是一个浪费，且由于回流的液体太多，蒸馏的速度大为降低，浪费了很多热量和时间。一般来说，分馏的组分的沸点差距越小，所需分馏柱的柱长越长；反之，组分间沸点差距越大，所需分馏柱的柱长可以短一些。

(3) 分馏柱的保温装置　由于分馏时柱内进行着连续不断的大面积的气液交换，因此要维持这种动态平衡，保温就十分重要，如果保温不好，柱效就会大大降低。在分馏温度较低时或分馏要求较低时，使用石棉或玻璃棉等保温材料包裹分馏柱即可达到初步的保温目的。但在一般情况下，分馏柱均需附有保温装置。常用的保温装置有两种。

① 电加热保温夹套　在分馏柱外套上一根直径较大的玻璃管，管上缠以电阻丝，用调压变压器控制加热保温，在加热管外再套上一根保温玻

璃管。

② 镀银真空保温套　在加工分馏柱时，制作一个外夹套，经镀银、热处理并抽真空封口而成。镀银层上留有透明的窄缝，以便观察柱内分馏情况。这种保温套便于操作，保温效果良好，但分馏温度超过140℃时，保温效果会有所降低。

(4) 分馏头　用以冷凝蒸气及控制回流比，并可测定馏出液的沸点。分馏头的样式很多，主要有全冷凝式和部分冷凝式两种。目前实验室中大多采用全冷凝式分馏头，如图3-17所示。它使升至分馏头顶的蒸气先全部冷凝成为液体，然后在分馏头下部分成馏出液和回流液两部分。两部分液量之比（即回流比）可由活塞来调节。测管上的三通活塞在减压分馏时可连接真空减压系统。

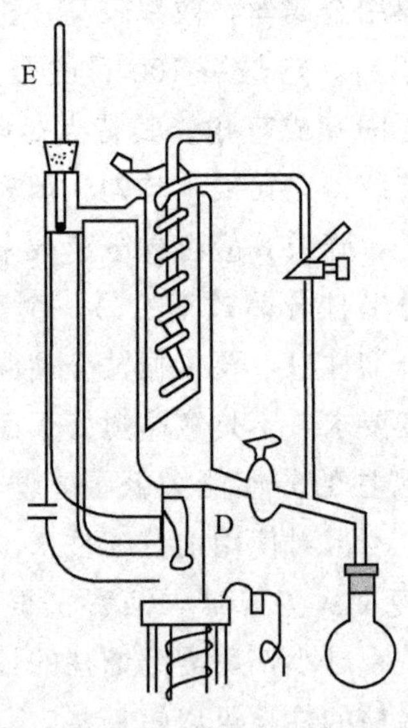

图3-17　全冷凝式分馏头

3.4.3.2　精密分馏的操作要点

按照图3-16所示安装。首先在选定的地点牢固地安置好铁架，并在铁架脚下放置好热源。在热源的上方安装蒸馏瓶，调整到适当的高度并用铁夹固定在铁架上，在蒸馏瓶的中口安装分馏柱，然后装上分馏头、顶端温度计和接收器。分馏柱和分馏头也需用铁夹固定在铁架上。

用漏斗通过蒸馏瓶的侧口加入待分馏的液体，一般不超过蒸馏瓶容积的一半。取下漏斗，加入沸石，在侧口装上温度计，以检测蒸馏瓶内液体的温度。

加料完毕后，先以较快的加热速度使液体沸腾，蒸气较多时，就会在分馏柱内形成液柱，液柱不断上升，浸满整个填料，使填料表面充分润湿，这种现象称为预液泛或液泛。液泛之后，停止加热，当液柱下降至柱身2/3处，再加热使之重新液泛，一般反复操作2～3次即可。液泛可使润湿的填料发挥正常的分馏效果。

液泛后，调节加热速度，使蒸馏瓶及分馏头的气、液两相的温度逐步稳定下来，且柱顶温度与最低沸点组分的沸点接近。对于电热保温夹套分馏柱，还需控制夹套加热温度，使之不变。观察回流量，直到上述各因素稳定后即达到了柱内平衡。

达到柱内平衡后，小心调节回流比，开始收集各馏分。每一组馏分按馏头、馏分和馏尾分别收集，并在各部分的接收瓶上分别作出记号或贴上标签，以免混淆。

精密分馏操作中的注意事项如下。①在精馏前，应根据被分馏液体的情况选择分馏柱的尺寸大小和填料类型，并将洗净烘干的填料均匀紧密地填充在柱内。②精密分馏装置比较高，需固定牢靠。各接口均需涂真空油脂，严密不漏气。③蒸馏瓶内液体不能装得太多，一般不超过蒸馏瓶容积的一半。④回流比是指在一定时间内冷凝的蒸气重新流回柱内的冷凝液的数量与从柱顶移去的馏出液数量之间的比值。回流比越大，分馏效率越好。但回流比太高，则收集液量少，精馏速度慢。所以要选择适当的回流比。⑤在分馏过程中要稳定操作，防止液泛现象发生。若出现液泛现象，应立即停止收集馏分，并调节蒸馏瓶的热源和保温套的加热强度，待操作稳定并重新达到平衡时，再恢复收集馏分。⑥注意不要蒸干，以免发生危险。

3.5 共沸蒸馏

共沸蒸馏又称恒沸蒸馏，主要用于共沸物的分离。共沸物又称恒沸物，是指两组分或多组分的液体混合物，在恒定压力下沸腾时，其组分与沸点均保持不变。这实际是表明，此时沸腾产生的蒸气与液体本身有着完全相同的组成，所以共沸物是不可能通过常规的蒸馏或分馏手段加以分离的。而且共沸混合物的沸点不同于它含有的每种成分各自的沸点。一般不是比各组分的沸点都低（称为最低共沸点），就是比各组分的沸点都高（称为最高共沸点）。大多数恒沸物都是负恒沸物，即有最低共沸点。值得注意的是，任一恒沸物都是针对某一特定外压而言的。对于不同压力，其恒沸组分和沸点都将有所不同。

3.5.1 基本原理

在共沸混合物中加入第三种组分，该组分与原混合物中的一种或两种组分形成沸点比原来组分和原来共沸物沸点更低的、新的具有最低沸点的共沸物，使组分间的相对挥发度增大，易于用蒸馏的方法分离，这种分离方法称为共沸蒸馏。加入的第三组分称为恒沸剂或夹带剂。

3.5.2 应用

(1) 在实验室中，常用共沸蒸馏的方法及时除去反应生成物之一的水，从而使反应能够顺利进行，这是共沸蒸馏最为典型的应用，如正丁醚的制备、苯甲酸乙酯的制备等。图 3-18 是实验室常用的共沸蒸馏装置，它是在蒸馏瓶和回流冷凝管之间增加了一根分水器。这种装置的最大优点是一边进行回流反应，一边把反应中生成的水及时从体系中移走，既保证了反应的连续性，也促进了反应平衡向右移动，提高反应的产率。常用的恒沸剂有苯、甲苯、二甲苯、三氯甲烷、环已烷等，不同的恒沸剂携带水的能力不同，可根据具体情况选用不同的恒沸剂。工业上常用苯作为恒沸剂进行共沸蒸馏制取无水乙醇。

(2) 利用共沸蒸馏的原理，可去除难蒸发的高沸点溶剂，在溶液的浓缩和蒸除溶剂方面很有应用意义。如溶液中 DMF、DMSO 溶剂的去除，可采用加入苯或甲苯的组分，以蒸出这些高沸点的溶剂。

(3) 共沸蒸馏脱水技术在液相法制备纳米材料中的应用研究很多，根据其液相合成方法的不同，可分为直接沉淀-共沸蒸馏法、共沉淀-共沸蒸馏法、均匀沉淀-共沸蒸馏法、溶胶沉淀-共沸蒸馏法等。目前，采用直接

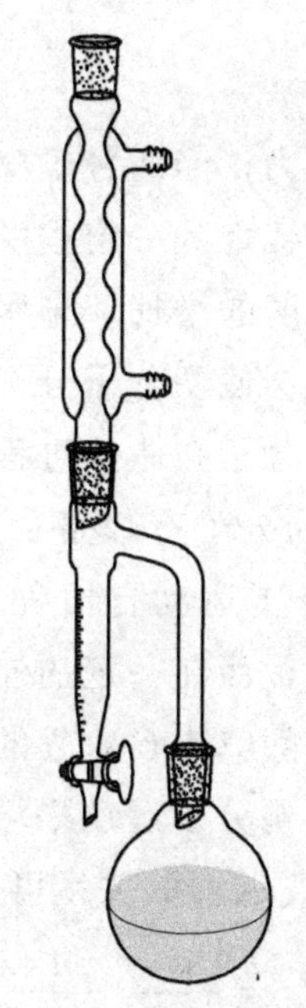

图 3-18 共沸蒸馏装置

沉淀-共沸蒸馏法已制备出 TiO_2、Fe_3O_4、SiO_2、$Mg(OH)_2$、$CaCO_3$ 等纳米材料。采用共沉淀-共沸蒸馏法制备的纳米材料也很多，如 Al_2O_3-ZrO_2、氢氧化铝镁、La_2O_3-ZrO_2 以及圆柱状 ZrO_2-CeO 等。利用均匀沉淀-共沸蒸馏法可分别制备出分散性良好、粒径小、粒径分布均匀的纳米氧化镍和纳米氧化镁。采用溶胶沉淀-共沸蒸馏法可得到立方相 $BaTiO_3$ 纳米粉，与用烘箱干燥得到样品相比，烧结性能有所提高。

3.6 分子蒸馏

分子蒸馏是一种特殊的液-液分离技术，在极高真空下操作，能使液体在远离其沸点的温度下将其蒸馏，特别适用于高沸点、热敏性及易氧化物质的分离。分子蒸馏作为一项高新的分离技术，解决了大量常规蒸馏技术所不能解决的问题，已成为分离技术中的一个重要分支，广泛应用于石油化工、精细化工、食品工业、医药保健等行业的物质分离和提纯。

3.6.1 基本原理

分子之间存在着相互作用力，当两分子离得较远时，分子之间的作用力表现为吸引力；但当两分子接近到一定程度后，分子之间的作用力就会改变为排斥力，并随其接近程度的增加，排斥力迅速增加。当两分子接近到一定程度，排斥力的作用就会使两分子分开。这种由接近而至排斥分离的过程就是分子的碰撞过程。分子在碰撞过程中，两分子质心的最短距离（即发生斥离的质心距离）称为分子有效直径。一个分子在相邻两次分子碰撞之间所经过的路程称为分子运动自由程。任何一个分子在运动过程中，其自由程是在不断变化的，而在一定的外界条件下，不同物质的分子其自由程各不相同。在某时间间隔内自由程的平均值称为平均自由程。温度、压力和分子有效直径是影响分子运动平均自由程的主要因素。分子运动平均自由程长度 λ_m 与各主要因素的关系可用下式表示：

$$\lambda_m = \frac{k}{\sqrt{2\pi}} \times \frac{T}{d^2 p}$$

式中，d 为分子有效直径；p 为分子所处环境压强；T 为分子所处环境温度；k 为玻尔兹曼常数。由上式可知，降低压力、提高温度可加大分子运动平均自由程；分子的有效直径越小，分子运动平均自由程越大；不同物质因其有效直径不同，因而分子运动平均自由程不同，分子有效直径差别越大，分子运动平均自由程的差别也越大。分子运动平均自由程是分子蒸馏器设计中十分重要的参数。

根据分子运动理论，液体混合物的分子受热后运动会加剧，当接受到足够能量时，就会从液面逸出成为气相分子。随着液面上方气相分子的增加，有一部分气体就会返回液相。在外界条件保持恒定情况下，气液两相最终会达到分子运动的动态平衡，从宏观上看即达到了平衡。根据分子运动平均自由程公式知，不同种类的分子，由于其分子有效直径不同，故其平均自由程也不同，即不同种类分子，从统计学观点看，其逸出液面后不与其它分子碰撞的飞行距离是不同的。分子蒸馏的分离作用就是依据液体分子受热会从液面逸出，而不同种类分子逸出后，在气相中其运动平均自由程不同这一性质来实现的。

图 3-19 是分子蒸馏分离原理示意图。液体混合物沿加热板自上而下

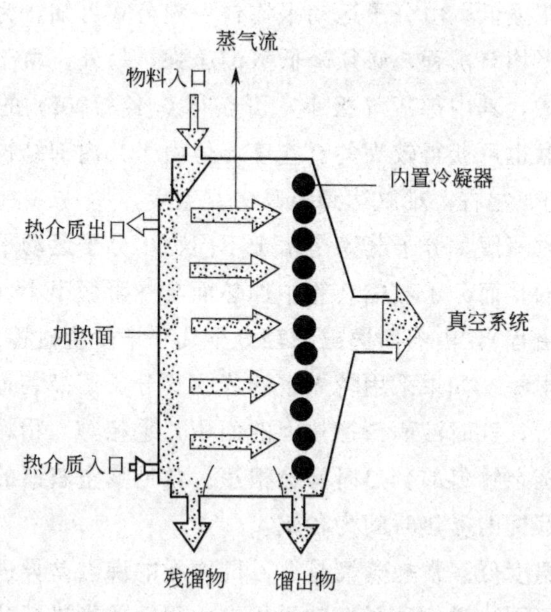

图 3-19 分子蒸馏分离原理示意图

流动，受热后获得足够能量的分子逸出液面，轻分子的平均自由程大，重分子的平均自由程小，若在离液面距离小于轻分子的运动平均自由程而大于重分子的运动平均自由程处设置一冷凝板，则气相中的轻分子能够达到冷凝板，并在冷凝板上不断被冷凝，移出汽液平衡体系，从而破坏了体系中轻分子的动态平衡，体系为了达到新的动态平衡，混合液中的轻分子就会不断地逸出。而气相中的重分子因不能达到冷凝板，不会被冷凝而移出体系，很快与液相中的重分子趋于动态平衡，表观上重分子不再从混合液中逸出，因此不同质量的分子被分开，这样液体混合物便达到了分离的目的。显然，可以看出实现上述分离的两个基本条件：一是轻重分子的平均自由程必须有差异，而且差异越大越易分离；二是蒸发面（液面）与冷凝板间的距离必须介于轻分子和重分子的平均自由程之间。

分子蒸馏的核心概念是分子运动平均自由程，是一种在高真空度下通过蒸发过程进行的非平衡状态下的蒸馏，蒸馏过程中不出现任何沸腾，与常规的蒸馏完全不同，它突破了常规蒸馏依靠沸点差分离的原理，而是依靠不同物质分子运动平均自由程的差别实现物质的分离。与常规蒸馏相比，分子蒸馏具有以下特点。

(1) 蒸馏压强低。由分子运动平均自由程公式可知，为了获得足够大的分子子运动平均自由程，必须降低蒸馏压强。另外，由于分子蒸馏装置独特的结构形式，其内部压降极小，可获得 0.1～100Pa 的高真空度。常规真空蒸馏虽然也可获得较高的真空度，但由于其内部结构上的制约，其真空度仅达 5kPa 左右，难以达到更高的真空度。

(2) 受热时间短。分子蒸馏是基于不同物质分子运动平均自由程的差别来实现分离的，而分子蒸馏装置中加热面与冷凝面很小（即小于轻分子的运动平均自由程），由液面逸出的轻分子几乎未发生碰撞即达到冷凝面，所以受热时间很短。如果采用较先进的成膜式分子蒸馏装置，使混合液的液面形成薄膜状，这时液面与加热面的面积几乎相等，物料在设备中的停留时间很短，蒸余物料的受热时间也很短。常见真空蒸馏的受热时间为分钟级，而分子蒸馏的受热时间为秒级。

(3) 操作温度低。常规蒸馏是靠不同物质的沸点差异进行分离的，而分子蒸馏是靠不同物质的分子运动平均自由程的差别进行分离的，蒸气分子一旦由液相中逸出就可实现分离，不需要将溶液加热至沸腾，因此分子蒸馏是在远离沸点下进行操作的。分子蒸馏的操作温度比常规真空蒸馏低得多，一般可低 50～100℃。

(4) 分离程度高。分子蒸馏常用来分离常规蒸馏难以分离的混合物。即使两种方法都能分离的混合物，分子蒸馏的分离度也比常规蒸馏高，比较一下它们的挥发度就可以看出这一点。常规蒸馏的相对挥发度为：

$$\alpha=\frac{p_1}{p_2}$$

而分子蒸馏的挥发度为：

$$\alpha_\tau=\frac{p_1}{p_2}\sqrt{\frac{M_2}{M_1}}$$

式中，M_1、M_2 分别为轻组分和重组分的相对分子质量；p_1、p_2 分别为轻组分和重组分的饱和蒸气压。因为 $M_2>M_1$，所以 $\alpha_\tau>\alpha$，这就表明分子蒸馏较常规蒸馏更易分离物质，而且轻重分子之间的质量差异越大，分离程度越高。

(5) 常规蒸馏的蒸发与冷凝是可逆过程，液相和气相之间达到了动态平衡。而在分子蒸馏中，从加热面逸出的分子直接飞射到冷凝面上，理论上没有返回到加热面的可能性，所以分子蒸馏是不可逆过程。

（6）无鼓泡现象。分子蒸馏是在液膜表面上的自由蒸发，在极低压力下进行，液体中无溶解空气，蒸馏过程中液体不沸腾，所以无鼓泡现象。

（7）无毒、无害、无污染、无残留，可得到纯净安全的产物。

3.6.2 分子蒸馏装置

分子蒸馏装置主要包括蒸发系统、物料输入输出系统、加热系统、冷凝系统、真空系统和控制系统等几部分。其核心部件是分子蒸发器。根据分子蒸发器的结构形式和操作特点，可以将分子蒸发器分为三种：降膜式、刮膜式和离心式。

3.6.2.1 降膜式分子蒸发器

如图3-20所示。该装置是采取重力使蒸发面上的物料变为液膜降下的方式。将物料加热，蒸发物就可在相对方向的冷凝面上凝缩。降膜式装置为早期形式，结构简单，在蒸发面上形成的液膜较厚，效率差，现在各国很少采用。

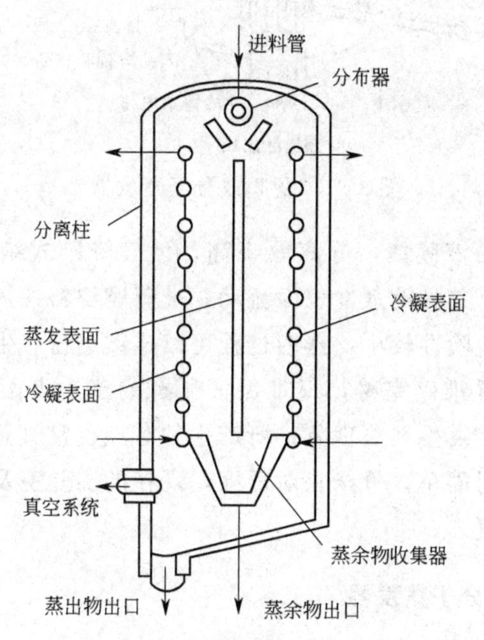

图3-20 降膜式分子蒸发器

3.6.2.2 刮膜式分子蒸发器

如图 3-21 所示。该装置采取重力使蒸发面上的物料变为液膜降下的方式，但为了使蒸发面上的液膜厚度小且分布均匀，在蒸馏器中设置了一硬炭或聚四氟乙烯制的转动刮板。该刮板不但可以使下流液层得到充分搅拌，还可以加快蒸发面液层的更新，从而强化了物料的传热和传质过程。

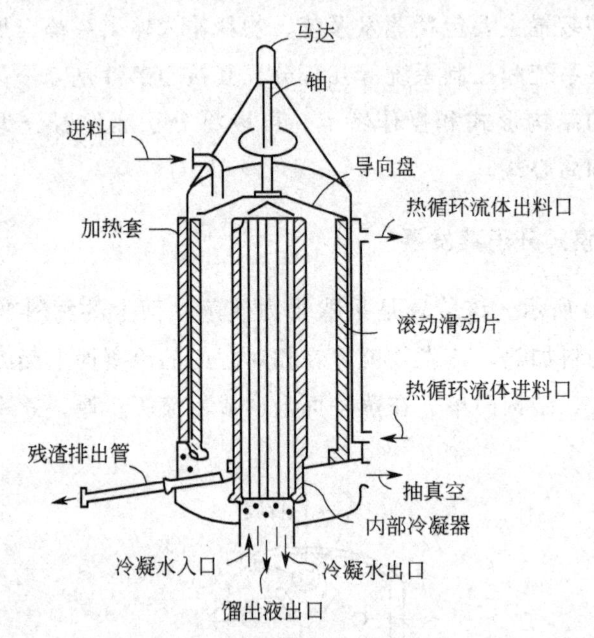

图 3-21 刮膜式分子蒸发器

该装置形成的液膜薄，分离效率高，但较降膜式结构复杂。其优点是：液膜厚度小，并且沿蒸发表面流动；被蒸馏物料在操作温度下停留时间短，热分解的危险性较小，蒸馏过程可以连续进行，生产能力大。缺点是：液体分配装置难以完善，很难保证所有的蒸发表面都被液膜均匀覆盖；液体流动时常发生翻滚现象，所产生的雾沫也常溅到冷凝面上。但由于该装置结构相对简单，价格相对低廉，现在的实验室及工业生产中，大部分都采用该装置。

3.6.2.3 离心式分子蒸发器

如图 3-22 所示。该装置将物料送到高速旋转的转盘中央，并在旋转

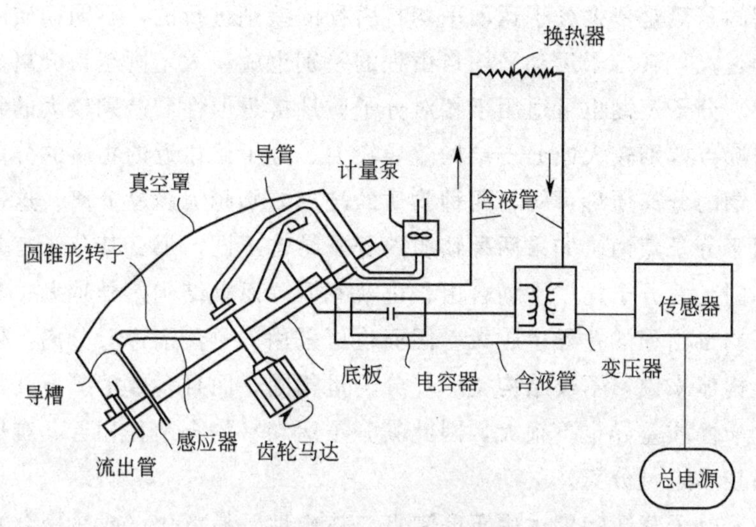

图3-22 离心式分子蒸发器

面扩展形成薄膜，同时加热蒸发，使之与对面的冷凝面凝缩。离心式装置的液膜非常薄，蒸发效率高，分离效果好，是目前较为理想的分子蒸馏装置。但与其他两种装置相比，要求有高速旋转的转盘，又需要较高的真空密封技术，结构复杂，制造及操作难度大。离心式分子蒸发器与刮膜式分子蒸发器相比具有以下优点：由于转盘高速旋转，可得到极薄的液膜且液膜分布更均匀，蒸发速率和分离效率更好；物料在蒸发面上的受热时间更短，降低了热敏物质热分解的危险；物料的处理量更大，更适合工业上的连续生产。

3.6.3 分子蒸馏的应用

分子蒸馏技术是一种高新的液-液分离技术，作为共性技术已广泛应用于工业、农业、水产业、国防等，近几十年来在国际上得到了十分迅速的发展。

3.6.3.1 分子蒸馏技术的适用范围

分子蒸馏技术的原理和特点决定了它所适用分离的物质对象，具体来说有以下几个方面。

(1) 分子蒸馏适合分离相对分子质量差别较大的液体混合物。因为分子蒸馏的分离是依据分子运动平均自由程的差别进行的，不同物质的分子量差别越大，其分子运动平均自由程的差别也就越大，则越易分离。

(2) 分子蒸馏也可适用于相对分子质量接近但性质差别较大的物质分离，如沸点差别较大或分子结构差异较大、分子量接近的物质的分离。由常规蒸馏的分离原理可知，两种物质的沸点差别越大越易分离，这一原则也适用于分子蒸馏。如果两种物质的分子结构不同，那么其分子有效直径也会不同，其分子运动平均自由程也就不同，而且结构差异越大，其分子运动平均自由程的差异也越大，因而也可采用分子蒸馏进行分离。但对于同分异构体来说，不仅结构类似，分子量相同，而且多数情况下其物理性质和化学性质差异也不很大，因此其分子运动平均自由程相近，难以用分子蒸馏技术进行分离。

(3) 分子蒸馏特别适用于高沸点、热敏性、易氧化（或易聚合）物质的分离。因为分子蒸馏操作温度低、物质受热时间短，因此对许多高沸点、热敏性物质而言，采用分子蒸馏技术可避免其在高温下、长时间的热损伤。特别对于中药有效成分、天然产物的分离等，分子蒸馏技术是一个非常有效的分离方法。

(4) 由于分子蒸馏设备比较昂贵，运行成本也比较高，所以分子蒸馏适宜于附加值较高或社会效益较大的物质的分离。

3.6.3.2 分子蒸馏技术的应用领域

(1) 石油化工　生产低蒸气压油（如真空泵油等）；蒸馏制取高黏度润滑油；碳氢化合物的分离；原油的渣油及其类似物质的分离；表面活性剂的提纯及化工中间体的精制，如高碳醇及烷基多苷、乙烯基吡咯烷酮等的纯化，羊毛酸酯、羊毛醇酯等的制取等。

(2) 食品工业　混合油脂的分离，可获得纯度达90%～95%以上的单脂肪酸酯，如硬脂酸单甘油酯、月桂酸单甘油酯、丙二醇酯等；从动植物中提取天然产物，如精制鱼油、米糠油、小麦胚芽油等。例如，张相年分别用尿素沉淀法和分子蒸馏法研究了二十碳五烯酸（EPA），二十二碳六烯酸（DHA）乙酯的分离提纯，其结果表明，尿素沉淀法和分子蒸馏法都能提纯较高的品位。两种方法对比，分子蒸馏法提纯工序简单，效率高，而且可以避免化学残留。

（3）医药工业　医药中间体的提纯及从天然物质中提取医药制品。如维生素A及维生素E的提取及浓缩分离；β-胡萝卜素的提取；从油酸中提取二十碳五烯酸、二十二碳六烯酸；制取氨基酸及葡萄糖衍生物等。

（4）农药的精制　农药及农药中间体的提纯与精制。如氯菊酯、增效醚、氧乐果的提纯。

（5）香精、香料工业　合成及天然香精香料的提纯。如桂皮油、玫瑰油、香根油、香茅油、山苍子油等的精制。

（6）塑料工业　增塑剂型酯类的提纯，纯度可达95%以上高分子物质的脱臭，树脂类物质的精制等。

综上所述，分子蒸馏技术作为一种温和、高效、清洁的新型分离技术，主要应用于高沸点、热敏性、易氧化物料的提纯分离。实践证明，此技术不但科技含量高，而且应用范围广，是一项工业化应用前景十分广阔的高新技术。

3.7 升华

前面已讲过，蒸馏是液态物质加热变成蒸气，然后蒸气再冷凝为液态的过程，也可以由固态物质经由液态再汽化为蒸气，然后由蒸气冷凝为液体再固化为固态物质。如果固态物质受热后不经熔融（液态）就直接转变为蒸气，该蒸气经冷凝又直接转变为固态，这个过程称为升华。升华是提纯固体有机化合物方法之一。但不是所有的固体都能用升华来提纯，只有在其熔点温度以下具有相当高（高于20mmHg）蒸气压的固态物质，才可以应用升华法来提纯。利用升华可以除去不挥发性杂质，或分离不同挥发度的固体物质。升华操作比重结晶简便，纯化后产品的纯度高，但产品损失也较大，操作时间也较长，一般不适合大量产品的提纯，通常只限于实验室少量物质的精制。

3.7.1 基本原理

升华是利用固体混合物的蒸气压或挥发度不同，将不纯净的固体化合物在熔点温度以下加热，利用产物蒸气压高，杂质蒸气压低的特点，使产物不经过液体过程而直接气化，遇冷后固化（杂质则不能）来达到分离固体混合物的目的。

一般来说，能够通过升华操作进行纯化的物质是那些在熔点温度以下具有较高蒸气压的固体物质。这类物质具有三相点，即固、液、气三相并存之点。图 3-23 为物质的固态、液态、气态的三相图，O 点为固、液、气三相同时并存的三相点，在三相点 O 点以下不存在液态；OA 曲线表示固相和气相之间平衡时的温度和压力。由此可以看出，进行升华都是在三相点温度以下进行操作。

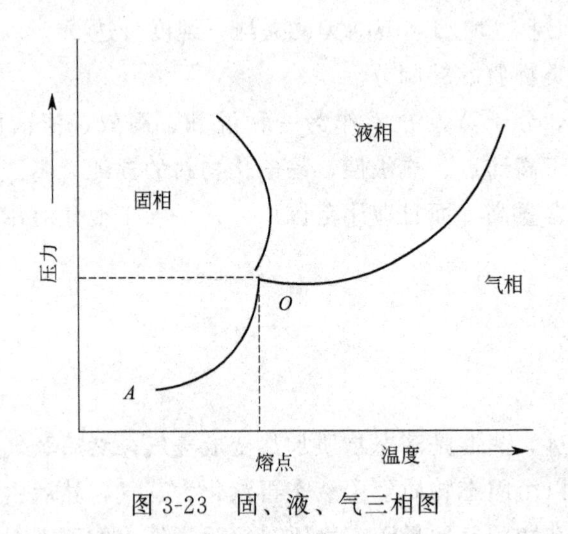

图 3-23　固、液、气三相图

一个物质的正常熔点是固、液两相在大气压下平衡时的温度。在三相点时的压力是固、液、气三相的平衡蒸气压，所以在三相点时的温度和正常的熔点有些差别。然而，这种差别非常小，通常只有几分之一摄氏度，所以固态的熔点可以近似地看作是物质的三相点。

在三相点以下，物质只有固、气两相。若降低温度，蒸气就不经过液态而直接变成固态；若升高温度，固态也不经过液态而直接变成蒸气。若某物质在三相点温度以下的蒸气压很高，因而汽化速率很大，就可以比较容易地从固态直接变为蒸气，且此物质蒸气压随温度降低而下降非常显著，稍降低温度即能由蒸气直接转变成固态，则此物质可容易地在常压下用升华方法来提纯。例如六氯乙烷（三相点温度 186℃，压力 104kPa）在 185℃时蒸气压已达 0.1MPa，在低于 186℃时就可完全由固相直接挥发成蒸气，中间不经过液态阶段。樟脑（三相点温度 179℃，压力 49.3kPa）

在160℃时蒸气压为29.1kPa，即未达熔点前，已有相当高的蒸气压，只要缓缓加热，使温度维持在179℃以下，它就可不经过熔化而直接蒸发，蒸气遇到冷的表面就凝结成为固体，这样蒸气压可始终维持在49.3kPa以下，直至挥发完毕。

与液态化合物的沸点相似，当固态化合物的蒸气压与外界所施加给固态化合物表面压力相等时，该固态物质开始升华，此时的温度为该固态化合物的升华点。一般来说，对称性较高的固体物质，具有较高的熔点，而且在熔点温度以下具有较高的蒸气压，易于用升华来提纯。对于在常压下不易升华的物质，即在三相点时蒸气压比较低的物质，则只有在减压下升华，才能得到较满意的结果。

由以上讨论可知，升华法提纯固态化合物有一定的局限性，它只适用于以下情况：①被提纯的固体化合物具有较高的蒸气压，在低于熔点时，就可以产生足够的蒸气，使固体不经过液态直接变为蒸气，从而达到分离的目的；②固体化合物中杂质的蒸气压比较低，有利于分离。

需要说明的是，像碘、萘这样的晶体物质在室温下也会慢慢地散发出蒸气，其蒸气在遇到冷的表面时会在上面重新结成固体，这种现象严格说来仅仅是固体的蒸发而不是升华，因为这时它的蒸气压并不等于外界压强。刚洗过的衣服挂在低于0℃的空气中，虽然很快就冻硬了，但仍会慢慢变干，也是由于冰的蒸发而不是升华。

3.7.2 升华装置

升华装置多种多样，一般采用的常压、减压升华装置如图3-24、图3-25所示。图3-24(a)是实验室常用的常压升华装置，当升华量较大时，可用图3-24(b)装置分批进行升华，当需要通入空气或惰性气体进行升华时，可用图3-24(c)装置。图3-25是减压升华装置。

3.7.3 操作要点

3.7.3.1 常压升华

将被升华的固体物质烘干，放入蒸发皿中，铺匀。选一个直径小于蒸发皿的漏斗，在漏斗的颈部塞上一团疏松的棉花，以减少蒸气逸出。取一

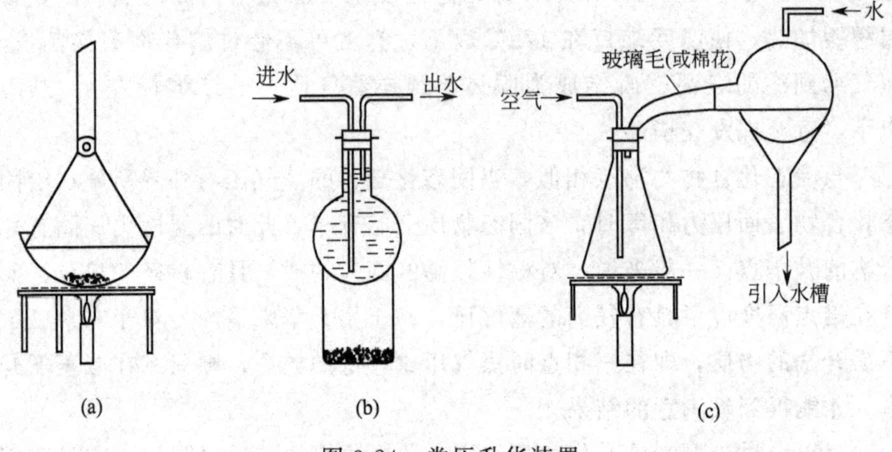

图 3-24　常压升华装置

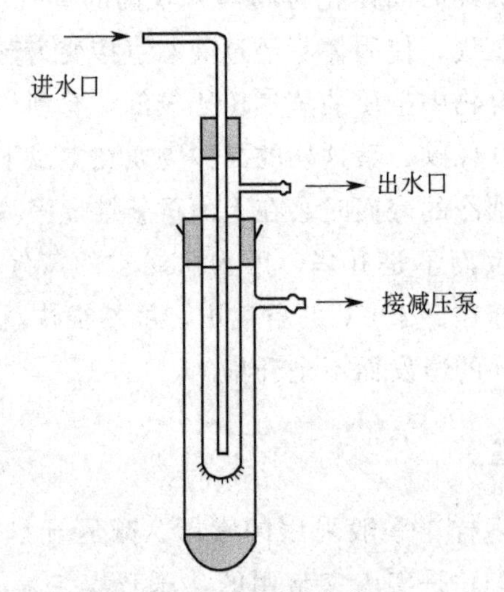

图 3-25　减压升华装置

张略大于漏斗底口的且穿有许多小孔（孔刺向上）的滤纸盖在蒸发皿上，然后再用漏斗盖住。用沙浴或其他热浴加热，在加热过程中应时刻注意控制温度在熔点以下，使其慢慢升华。蒸气通过滤纸小孔上升，冷却后凝结在滤纸上或漏斗壁上。必要时漏斗外壁可用湿布冷却。

3.7.3.2　减压升华

为了加快升华速度，可在减压下进行升华。如图 3-25 所示，将样品放入吸滤管（或瓶）中，在吸滤管中放入“指形冷凝器”，接通冷凝水，抽气口与泵连接好，开泵，关闭安全瓶上的放空阀，进行抽气，冷凝后的固体将凝聚在“指形冷凝器”的底部。减压升华法特别适用于常压下其蒸气压不大或受热易分解的物质。通常用油浴加热，并视具体情况而采用油泵或水泵抽气。

3.7.3.3 注意事项

（1）升华温度一定要控制在固体化合物熔点以下。

（2）被升华的固体一定要干燥，如有溶剂将会影响升华后固体的凝结和分离效果。

（3）滤纸上的孔应尽量大一些，以便蒸气上升时顺利通过滤纸，在滤纸的上面和漏斗中结晶，否则将会影响晶体的析出。

（4）为了达到良好的升华分离效果，最好采用砂浴或油浴而避免用明火直接加热，以便更好地控制加热温度。

（5）减压升华时，停止抽气时一定要先打开安全瓶上的放空阀，再关泵，以防止倒吸。

参考文献

[1] 孔垂华，徐效华编．有机物的分离和结构鉴定．北京：化学工业出版社，2003.

[2] 北京大学化学学院有机化学研究所编．有机化学实验．第2版．北京：北京大学出版社，2002.

[3] 李兆陇，阴金香，林天舒编．有机化学实验．北京：清华大学出版社，2000.

[4] 焦家俊编著．有机化学实验．上海：上海交通大学出版社，2000.

[5] 王福来编著．有机化学实验．武汉：武汉大学出版社，2001.

[6] 汪茂田，谢培山，王忠东编．天然有机化合物提取分离与结构鉴定．北京：化学工业出版社，2004.

[7] 兰州大学、复旦大学化学系有机化学教研室编．有机化学实验．第2版．北京：高等教育出版社，1994.

[8] 云利娜，王宝和．共沸蒸馏脱水技术在纳米材料制备中的应用．河南化工，2007，24（2）：13.

[9] 李吉海．基础化学实验（Ⅱ）-有机化学实验．北京：化学工业出版社，2003.

[10] 杨村，于宏奇，冯武文编著．分子蒸馏技术．北京：化学工业出版社，2003.

[11] 冯武文，杨村，于宏奇．分子蒸馏技术及其应用．化工进展，1998，(6)：26.
[12] 冯武文，杨村，于宏奇．分子蒸馏——一项特殊的液-液分离技术．技术进步，1999，24 (3，4)：39.
[13] 陈志刚，李月兰．分子蒸馏技术研究进展．广东化工，2007，34 (8)：50.
[14] 冯武文，杨村，于宏奇．一种新型分离技术——分子蒸馏技术．新技术讲座，2000，7 (4)：8.
[15] 冯武文，杨村，于宏奇．分子蒸馏技术与日用化工（Ⅱ）分子蒸馏技术在日化工业中的应用及前景．日用化学工业，2002，32 (6)：74.
[16] 杨村，冯武文，于宏奇．分子蒸馏技术与绿色精细化工．精细化工，2005，22 (5)：323.
[17] 白石，林文，刘芸，王志祥等．分子蒸馏技术及其应用．化工时刊，2007，21 (4)：37.
[18] 张帅．苦丁茶中咖啡碱的提取．安徽农业科学，2007，35 (16)：4930.
[19] 《有机化学试验技术》编写组．有机化学实验技术．北京：科学出版社，1978.

第4章 薄层色谱技术

色谱法是一种物理化学分离和分析方法。这种方法是基于物质溶解度、蒸气压、吸附能力、立体结构或离子交换等物理化学性质的微小差异，使其在流动相和固定相之间的分配系数不同，而当两相作相对运动时，组分在两相间进行连续多次分配，从而达到彼此分离。色谱法是包括多种分离类型、检测方法和操作方式的分离分析技术，有多种分类方法。其中一种是按照固定相的几何形式分类的，分为薄层色谱、纸色谱和柱色谱。

4.1 薄层色谱基本原理

薄层色谱（thin layer chromatography，TLC）是快速分离、定性和定量分析有机化合物的一种非常重要的色谱技术。它是将固定相涂布于玻璃、铝箔、塑料片等载板上形成一均一薄层。将被分离的物质点加在薄层的一端，置展开室中，选用适当的展开剂，借毛细作用从薄层点样的一端展开到另一端，使性质不同的物质得以分离。薄层色谱最大的优点是：需要的样品少（几微克至0.01μg），展开速度快（15～20min），分离效率高。它常用于有机物的鉴定和分离，如通过与已知结构的化合物相比较，可鉴定混合物的组成。在有机化学反应中常利用薄层色谱对反应进行跟踪。也可用于化合物的制备分离，如常规薄层色谱可以精制多达500mg的样品。薄层色谱特别适用于挥发性小的化合物，以及那些在高温下易发生变化、不宜用气相色谱分析的化合物。

利用混合物中的各组分在某一物质中的吸附或溶解性能（即分配）的不同，或其他亲和作用性能的差异，使混合物的溶液流经该种物质，进行反复的吸附或分配等作用，从而将各组分分开。流动的混合物溶液称为流动相；固定的物质称为固定相（可以是固体或液体）。

薄层色谱所采用的薄层材料（固定相）性质不同，其分离原理也不相同。根据组分在固定相中的作用原理不同，薄层色谱主要可分为吸附薄层色谱、分配薄层色谱、离子交换薄层色谱、分子排阻薄层色谱和亲和薄层色谱。其中，吸附薄层色谱是使用最为广泛的方法，其原理是在色谱过程中，主要发生物理吸附，吸附剂（固定相）对物质表现出不同的吸附能力是吸附色谱分离的理论基础，吸附能力是由吸附剂和被吸附物的性质决定的。由于混合物中的各个组分对吸附剂（固定相）的吸附能力不同，当展开剂（流动相）流经吸附剂时，发生无数次吸附和解吸过程，吸附力弱的组分随流动相迅速向前移动，吸附力强的组分滞留在后，由于各组分具有不同的移动速率，最终得以在固定相薄层上分离。组分之间的差异越大，分离效果越好。

4.1.1 比移值

一个化合物在薄层板上上升的高度与展开剂上升的高度的比值称为该化合物的比移值，用 R_f 来表示：

$$R_f=\frac{b}{a}=\frac{\text{样品中某组分移动离开原点的距离}}{\text{展开剂前沿距原点中心的距离}}$$

例如图 4-1(a) 为薄层板，由 A、B 二组分组成的混合物被点在起始线上，展开后如图 4-1(b) 所示，A、B 二组分被拉开距离。这时展开剂前沿的爬升高度为 10，样点 A 的爬升高度（以样点中心计）为 7.3，则 A 的 R_f 值为 0.73。同理，B 的 R_f 值为 0.49。

应注意的是，在计算某个特定化合物的 R_f 值时，应量出它从原先被点样的那一点移动的距离。对于不太大的斑点，要量到迁移后的斑点之中心处。对于大斑点来说，必须用一块新的、所用试料量较少的板重复测定。若斑点显出拖尾时，测量到斑点的“重心”处。然后将这样测量所得的距离除以溶剂前沿从同一原点出发所移动的距离。一般来讲，在吸附薄层上物质的 R_f 值与物质的极性有关，极性小的物质往往走在前面，R_f 值较高；反之极性大的物质走在后面，R_f 值较低。

R_f 是薄层色谱的基本定性参数。对于一种化合物，当展开条件相同时，R_f 值是一个常数。但是，由于影响被分离物质在薄层上移动距离的因素较多，如展开剂、吸附剂、薄层板的厚度、温度等，因此 R_f 值的重

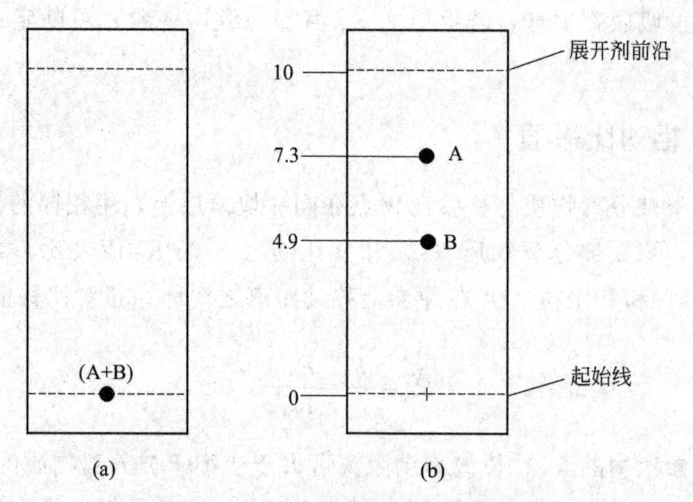

图 4-1 二组分混合物的薄层色谱

现性较差，有时同一化合物的 R_f 值与文献值会相差很大。所以，在对化合物做定性分析时，不能仅凭 R_f 值作为判断的依据。在鉴定未知样品时用已知化合物在同一块薄层板上点样做对照才比较可靠。如图 4-2 所示，C 为已知物，D、E 为未知物，展开后 C 与 D 爬升高度相同，$R_f(C)=R_f(D)\neq R_f(E)$，所以可以初步判定 C、D 为同一化合物，而 E 则是不同的化合物。

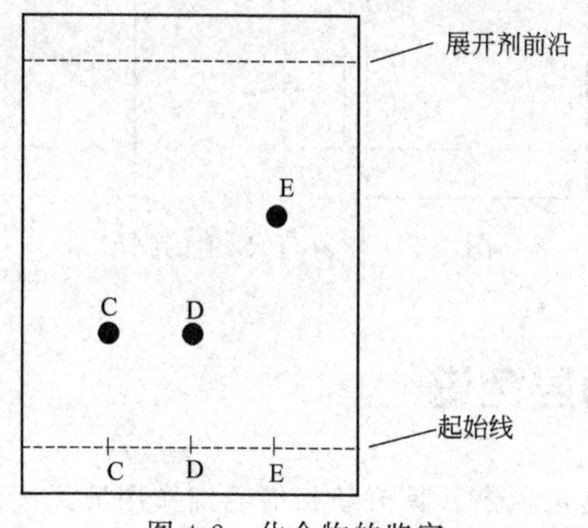

图 4-2 化合物的鉴定

但要注意的是，即使要鉴定的化合物与对照品在同一薄层上展开时有相同的 R_f 值，一定不要轻易肯定为同一物质，必须使用不同的展开剂，或用不同的吸收剂展开，若得出的 R_f 值都一致，一般才可断定是同一种化合物。

4.1.2 相对比移值

如果将被分离物质与一参比物点在同一块薄层上，用相同的色谱条件进行分离，那么被分离物质（s）和参比物（i）的 R_f 值之比，或是被分离物质（s）和参比物（i）在薄层上移动距离之比称为相对比移值（R_x）。

$$R_x=\frac{b}{c}=\frac{R_{f(s)}}{R_{f(i)}}$$

由于参比物的 $R_{f(i)}$ 值或移动距离可大于或小于被分离物质的 $R_{f(s)}$ 值或移动距离，因此相对比移值可大于或小于 1，但其重复性及可比性均优于 R_f 值。计算 R_f 值与 R_x 值的实例示于图 4-3。

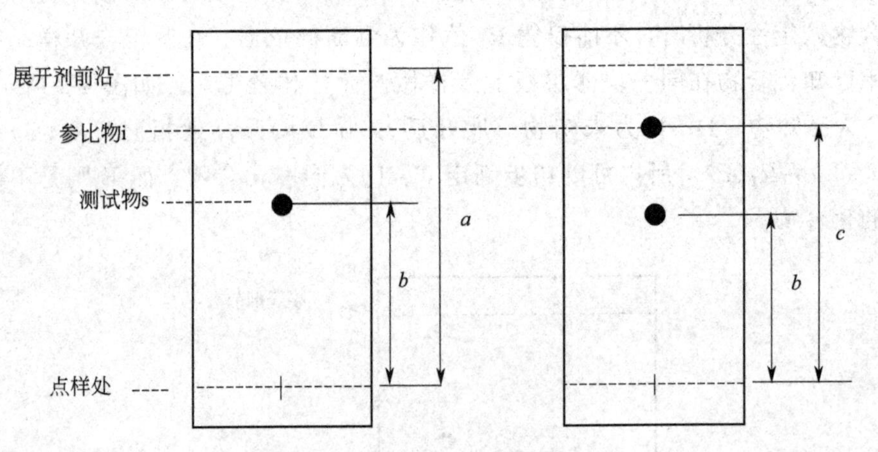

图 4-3 R_f 值与 R_x 值的测定

4.2 常规薄层色谱

经典的常规薄层色谱，其流动相借毛细作用流经固定相。设备简单，操作方便，可用于毫克级到克级的样品分离。但实验室中更多的是与常压柱分离配合使用，为柱色谱确定分离条件和监控分离进程；监控有机合成反应的进行；鉴定混合物中的组成。

4.2.1 固定相及载体

薄层色谱必须将被分离物质点于固定相（吸附剂）上进行分离，最常用的是硅胶和氧化铝，其中以硅胶居多。

普通型硅胶为无定形多孔粉末，表面带有硅醇基（Si—OH），呈弱酸性（pH=4.5）。通过硅原子上的羟基与极性化合物或不饱和化合物形成氢键，所以表现为吸附性能。硅胶吸附水分形成水合硅醇基，降低吸附能力。硅胶的活性取决于其含水量，含水量越高，活性越低，吸附能力越弱。通常在105～110℃活化后失水以提高活度，此时约有4～6个硅醇基/nm^2。如果温度大于500℃，硅胶脱水形成硅醚（Si—O—Si）而失去吸附能力。活性硅胶适合分离酸性或中性化合物，如酚类、醛类、生物碱类、甾体及氨基酸类，是基于吸附作用；非活性硅胶含有一定量的水分，在分离色素等时，是基于分配作用。

硅胶的粒度与孔径：由于样品被吸附到硅胶表面上，因此硅胶的分离效率与其粒度、孔径及表面积等几何结构有关。原则上，粒度越小、粒径越均匀，分离效率越高。孔径或孔体积是表示硅胶粒子孔的大小的尺度，与传递阻滞有关；粒度越小，表面积越大，表明其吸附力越大，有较强的保留。供薄层色谱用的硅胶粒度通常为200目，标签上有专门说明，使用时应予注意，不可用柱色谱硅胶代替，也不可混用。

市售硅胶符号及含义如下：商品硅胶常用一些字母符号表示其性质，如硅胶G表示是含有煅石膏（$2CaSO_4 \cdot H_2O$）黏合剂的硅胶；硅胶H表示不含黏合剂的硅胶；硅胶F表示含有荧光物质；硅胶P表示制备用硅胶；硅胶HF_{254}表示不含黏合剂，含有荧光剂，在254nm波长紫外光下呈强烈黄绿色荧光；硅胶GF_{254}则表示含有煅石膏黏合剂、荧光剂，在254nm波长紫外光下呈强烈黄绿色荧光；硅胶$HF_{254+366}$表示不含黏合剂，在254nm与366nm波长有荧光；硅胶PF_{254}表示制备型的、含有荧光剂的硅胶，在254nm波长紫外光下有荧光。

氧化铝在薄层色谱中其应用仅次于硅胶。由氢氧化铝400～500℃煅烧而成。广泛地用于芳香类、脂肪类、萜类、生物碱类化合物的分离。因制法和处理方法不同可分为碱性、酸性及中性三类。碱性氧化铝适于中性、碱性化合物的分离，pH=9～10；酸性氧化铝适于酸性化合物的分离，pH＝4～5；中性氧化铝适于酸性或对碱不稳定的化合物的分离，pH＝7～7.5。

与硅胶相似，氧化铝也因含黏合剂或荧光剂而分为氧化铝G、氧化铝H、氧化铝GF_{254}及氧化铝HF_{254}。含水量也同样影响氧化铝的活性。市售氧化铝有两类：含10%G，pH＝7.5～8；不带黏合剂的氧化铝，pH＝9，也可加入波长254nm的荧光指示剂。

薄层色谱所用的薄板通常为玻璃板，也有用塑料板或铝箔的。根据用途的不同而有不同的规格，作分析鉴定用的多为7.5cm×2.5cm的载玻片；若为分离少量纯样品，则要根据样品量的多少来选择大小合适的优质玻璃板，常见的有5cm×20cm、10cm×10cm、20cm×20cm、20cm×40cm等。

4.2.2 黏合剂与添加剂

为使薄层牢固地附着于载体上，增加薄层板的机械强度，常需加合适的黏合剂。理想的黏合剂要求亲水性好、黏结力强，且具有化学惰性。常用的黏合剂有如下几种。

(1) 煅石膏　将石膏（$CaSO_4 \cdot 2H_2O$）在120～140℃烤2～4h，过200目筛。用煅石膏作黏合剂的优点是能使用腐蚀性的显色剂，但涂铺薄板的动作要快，否则匀浆易凝固；缺点是薄层的硬度不够，且不利于无机物的分离。

(2) 羧甲基纤维素钠（CMC-Na）　先将羧甲基纤维素钠调成糊状，再加足量水搅拌均匀，并加热煮沸使尽可能溶解，放置澄清后，取上层清液代替水与吸附剂搅匀涂布薄层。常用的浓度为0.2%～1.2%，浓度越高，薄层硬度越大，是常用的黏合剂。缺点为不能耐受有腐蚀性的显色剂。

(3) 淀粉　将淀粉配成5%的溶液，在85℃加热至有黏性，加入适量吸附剂制成薄层。缺点为不能耐受有腐蚀性的显色剂。

上述三种黏合剂均于实验室自制TLC时使用。市售预制板黏合剂有：聚乙烯醇，聚丙烯醇，聚丙烯酰胺。

为特殊的分离与检出，有时要在固定相中加入某些添加剂，如荧光剂、酸、碱或pH缓冲液等。其中常用的荧光指示剂：①在254nm紫外光下发蓝色荧光的有钠荧光素、硫化镉、阴极绿等；②在366nm有荧光的指示剂如彩蓝等。

4.2.3 薄层板的制备技术

当前国内外商品化的各种预制板均有市售，可满足各种需要，预制板使用方便，涂布均匀，薄层光滑及有很好的牢度，分离效果及重现性均较手工制板好。但价格较贵，所以在实验室里经常需要自己手工制作。

4.2.3.1 载板的制备

常用的载板主要为玻璃板，塑料板、金属铝箔等较少使用。用于制备薄层板的玻璃板要求表面光滑、平整清洁，否则涂布不均匀，薄层易剥落。最好使用厚为1～2mm的优质平板玻璃，普通窗玻璃一般不宜用于制作薄层板。玻璃板需洗净至不挂水，晾干，贮存于干燥洁净处备用。玻璃板反复使用时，应注意经常用洗液及碱液清洗干净。保持玻璃板面的光洁是保证薄层板质量的最基本要求。玻璃板大小视实验所需而定，一般分析用玻璃板较小，而制备用玻璃板较大。

4.2.3.2 薄板涂铺方法

薄板的涂铺方法有两种：一种是干法铺板；另一种是湿法铺板。

干法铺板是将吸附剂直接倒在玻璃板上一端，取一适当玻璃棒两端包裹上适当厚度的橡皮膏或塑料管，视薄层厚度要求而定。用力滚动玻璃棒(用力不可过猛或太快，也不能中途停止，以免薄层厚薄不均)，把吸附剂均匀地铺在玻璃板上，如此制成的薄板称为软板。软板铺层比较简单，制出的薄层板展开速度快，但展开后不能保存，薄层不牢固。喷显色剂时容易吹散，而且这种薄层上吸附剂的颗粒之间空隙大，展开时毛细管作用较大，分离的斑点较为扩散，展开时只能选择近于水平位置，因此现已很少用。

实验室最常用的是湿法铺板。因湿法铺板都要加黏合剂，称为黏合薄层板（硬板）。常用的有硅胶G板和硅胶CMC-Na板。制硅胶G板时，每份硅胶G加蒸馏水2～3份；制硅胶CMC-Na板时，硅胶H或硅胶G与0.5%CMC-Na水溶液（配制方法：取适量CMC-Na于蒸馏水中加热煮沸，完全溶解，放冷静置。铺板时取其上清液使用）按1∶3混合。在烧杯中调成均匀的、有适当黏稠度的糊状物。湿法铺板有以下几种。

① 浸渍法是把两块干净玻璃片背靠背贴紧，浸入吸附剂与溶剂调制好的浆液中，取出后分开，浸涂面向上，平放在桌上晾干。

② 平铺法是在水平的较大玻璃板上放上几块要铺的薄板，取适量调好的吸附剂糊分别倒在上面，用玻璃棒涂成一均匀薄层，振动较大的玻璃板，使薄层平整均匀，置于水平台上晾干。

③ 涂布法是利用涂布器铺板。将适量调好的吸附剂糊倾入手动或自动涂布器中，均匀地向前推进，涂布在玻璃板上；或按照自动涂布器的规定操作涂布。涂布好的薄层板于室温下在水平台上晾干，再将几块薄层板分开，刮去边上多余的吸附剂即得到一定厚度的薄层色谱板。

薄层板制备的好与坏直接影响色谱分离的效果，在制备过程中应注意以下几点：铺板用的浆液一定要调匀，而且不宜过稠或过稀。过稠，板容易出现拖动或停顿造成层纹；过稀，水蒸发后，板表面较粗糙。为了防止由于搅拌而带入气泡，常常加入少量乙醇或丙酮或将吸附剂糊首先置于真空干燥器中减压脱气，以免薄层表面出现气泡，影响分离效果；铺板时，尽可能将吸附剂铺均匀，不能有纹路、气泡或颗粒等；涂布速度要快，避免浆液过早凝固，使涂布困难或涂铺不均匀。不能在局部固化的薄层板上又加入新的糊状物，最好是一次倾倒，一次铺成；使用手动涂布器时，手动推进速度要尽可能地保持一致，使薄层厚度均匀；铺板时，吸附剂的厚度不能太厚也不能太薄，太厚展开时会出现拖尾，太薄样品分不开，一般用于分析的薄层厚度为0.25～0.5mm，用于制备的薄层厚度为0.5～2mm；湿板铺好后，应放在比较平的地方晾干，千万不要快速干燥，否则薄层板会出现裂痕。也要注意避免因通风导致产生裂纹，避免灰尘沾污。

4.2.3.3 薄层板的活化

薄层板经自然干燥后，再放入烘箱内加热活化，进一步除去水分。活化的温度因吸附剂不同而不同。例如，硅胶板一般在烘箱中渐渐升温，维持105～110℃活化0.5～1h即可；氧化铝板在200～220℃下烘培4h可得到活性为Ⅱ级的薄层板，在150～160℃下烘培4h可得到活性为Ⅲ～Ⅳ级的薄层板。活化后的薄层板在烘箱内自然冷却至升温，取出后立即放入干燥器内备用，防止吸潮。含水量与活性的关系见表 4-1，其活性随含水量的增加而下降。当分离某些易吸附的化合物时，可不用活化。有些薄层板也不必活化，晾干即可用，如聚酰胺板。

表 4-1 吸附剂的含水量与活性等级关系

活性等级	Ⅰ	Ⅱ	Ⅲ	Ⅳ	Ⅴ
硅胶含水量/%	0	5	15	25	38
氧化铝含水量/%	0	3	6	10	15

4.2.4 点样

点样是薄层分离的最关键步骤之一。每次点样前，应在正常光线下和紫外灯下用肉眼检查薄层板的薄层损伤情况和杂质，只有无损伤、清洁的薄层板方可使用。

定性检测时，将样品用低沸点溶剂（如氯仿、二氯甲烷、丙酮、乙醚、甲醇、乙醇、乙酸乙酯等）配成1%～5%的溶液，避免用水、DMF、DMSO 等不易挥发的溶剂，因为低挥发性的溶剂可引起点样点扩散。点样前，在距薄层板的一端 1cm 处，用铅笔轻轻地画一条横线作为点样时的起点线，在距薄层板的另一端 0.5～1cm 处，再画一条横线，作为展开剂向上爬行的终点线（切记，画线时不能将薄层板表面破坏），如图 4-4 所示。

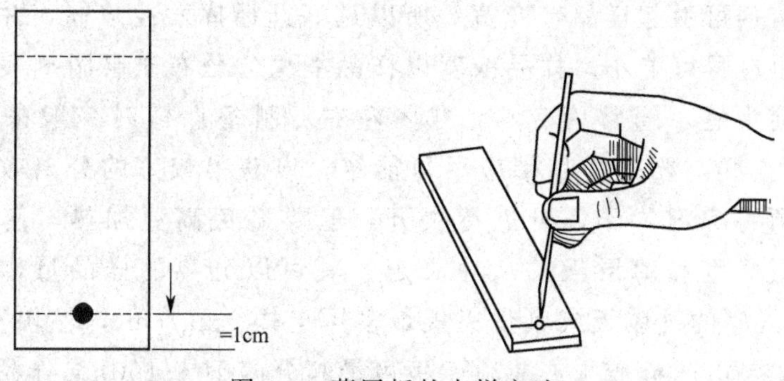

图 4-4 薄层板的点样方法

用内径小于 1mm 的管口平整的、干净且干燥的毛细管吸取样品溶液，将含有样品的毛细管轻轻触及薄层板的起点线（即点样），使毛细管内的液体流出。毛细管在板上的接触应极短暂并应随即移开，否则，其内溶液将会全部释出至板上。当板上已点上样品后，可用电吹风缓缓向板上吹气，这样做可使溶剂能在板上扩散之前就被蒸发，有助于形成小的斑点，使分离效果较好。

点样时应注意以下几个问题。①在薄层色谱中，样品的用量对物质的分离效果有很大影响，所需样品的量与显色剂的灵敏度、吸附剂的种类、薄层厚度均有关系。样品太少时，斑点不清楚，难以观察，但样品量太多时往往出现斑点太大或拖尾现象，以致不容易分开。②一般点状点样，要求圆而小，样品斑点的直径一般不应超过 2mm。③如果样品溶液太稀，一次点样量往往不够，需要重复点样时，应待上次点样的溶剂挥发后，再重复点样，每次点样都应点在同一圆心上，点的次数依样品溶液浓度而定，以防点样点过大，造成拖尾、扩散等现象，影响分离效果。④若在同一块板上点两个以上样点时，样点之间的距离应在 1～1.5cm 为宜。⑤毛细管与板接触时要非常轻，切勿划破薄层板上的吸附剂层，否则受损的薄层会导致溶剂不规律地流动，影响吸附剂层的毛细作用。⑥点样结束，待样点干燥后，方可放入展开缸中进行展开。⑦薄层板在空气中不能放置太久，否则会因吸潮降低活性。⑧用过的毛细管经淋洗后可以重复使用几次（处理方法：淋洗时将毛细管浸入一小份纯溶剂中，然后接触滤纸使溶剂放空，反复地用这种操作进行淋洗）。

与定性点样类似，制备点样时首先将样品溶于少量溶剂，由于低挥发性溶剂可引起样品带变宽，所以最好选择挥发性溶剂，并且溶剂的极性也应尽可能小。样品浓度以样品能均匀分布于吸附剂表面而不析出沉淀为宜，通常为 5%～10%左右。制备点样时一般采用带状（线状）点样，要求样品带应尽可能窄，以获得较好的分离效果。点样后必须将溶剂吹干，再进行展开，但要避免高温加热，使成分分解。薄层厚度和薄层板的尺寸决定了其可以分离的样品量，一般而言，1mm 厚的硅胶板或氧化铝板最多可上样 $5mg/cm^2$，一块 1mm 厚的 20cm×20cm 硅胶板或氧化铝板可最高分离 10～100mg 样品。如果吸附剂的厚度加倍，上样量可增大 50%，但切勿超载，以免出现拖尾或重叠，影响分离效果。

4.2.5 展开剂的选择

展开剂（即流动相）选择是能否达到理想分离的关键。理想的分离是指所有组分的 R_f 值在 0.2～0.8 之间，斑点清晰集中并达到最佳分离度。PTLC 所用展开剂可由分析型 TLC 预试来确定，只要两者所用吸附剂一致，可将分析型 TLC 的展开剂可直接用于 PTLC。

薄层色谱条件是依据被分离组分的性质（如溶解度、酸碱性、极性等）、吸附剂（活性）以及展开剂极性三个因素决定的。在上述三个因素中，被分离物质是固定的，吸附剂常用的种类也不多，而展开剂种类则是千变万化。不仅可以应用不同极性的单一溶剂作为展开剂，更多的是应用不同极性的混合溶剂。所以对于特定物质的分离，展开剂对分离起决定作用。选择展开剂，要依据溶剂极性、溶剂对被分析物的溶解性以及被分析物的极性和结构；如果是混合溶剂，还要考虑溶剂的混溶性。关于溶剂混溶性，一般根据相似相溶原则，如两种溶剂不能混溶，就需要通过第三种溶剂来调和形成多元展开剂。

一般来讲，展开剂要对所分离的成分有良好的溶解性，不与待测组分或吸附剂发生化学反应，沸点适中，黏度较小。被分离物极性小，需选用极性较小的展开剂；被分离物极性大，则选用极性较大的展开剂。环己烷和石油醚是最常使用的非极性展开剂，适合于非极性或弱极性样品；乙酸乙酯、丙酮或甲醇适合于分离极性较强的样品；氯仿和苯是中等极性的展开剂，可用作多官能团化合物的分离和鉴定。常见溶剂极性顺序：石油醚＜环己烷＜正己烷＜二硫化碳＜四氯化碳＜三氯乙烷＜苯＜甲苯＜乙醚＜二氯甲烷 ＜氯仿＜乙酸乙酯＜丙酮＜正丙醇＜乙醇＜甲醇＜吡啶＜羧酸（R—COOH）＜水。如没有被分离物的极性指数，可以通过分析其结构获得。物质分子化学结构中，通常有极性部分和非极性部分两部分。例如，极性大的小分子有机酸依次为肉桂酸、阿魏酸（4-羟基-3-甲氧基肉桂酸）、咖啡酸（3,4-二羟基肉桂酸）、菊苣酸（1*R*,3*R*-双咖啡酰基酒石酸）、绿原酸（3-咖啡酰奎尼酸），这类物质多数是苯乙烯母核的，这个结构的极性本身比较大，另外有酚羟基和羧酸基团，个别有多羟基，随着极性基团部分的增加，总体的极性就增加，则所用展开剂的极性也要相应的增加了。

选择展开剂时，如果有参考文献中报道的该类化合物所用展开剂，则应首先使用该类展开剂进行尝试；如果没有文献报道所用的展开剂，那么展开剂的选择只能靠实验的方法来确定，一般按极性顺序选单一溶剂展开，比较其 R_f 值及分离效果。用点滴实验法来选择展开剂非常简单、快捷，也很实用。将要被分离的化合物溶液间隔地点于同一个薄层板上，斑点之间至少应相隔约 1cm，待溶剂挥发干后，用毛细管分别汲取不同的溶剂，各自点到一个样品点上，借毛细作用，溶剂将从样点向外扩展，这样就出现了一些同心的圆环。若样点基本上不随溶剂移动［图 4-5(a)］，或一直随溶剂移动到前沿［图 4-5(d)］，则这样的溶剂不适用。若样点随溶剂移动适当距离，形成较宽的环带［图 4-5(b)］，或形成几个不同的环［图 4-5(c)］，则该溶剂一般可作为展开剂使用。

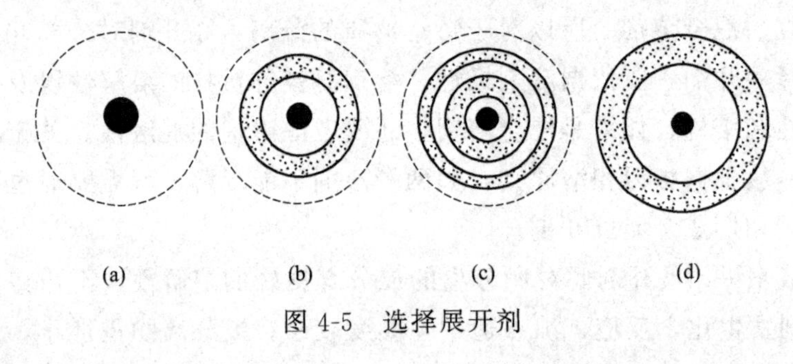

图 4-5　选择展开剂

若单一溶剂不能获得满意的分离，可采用不同比例的混合溶剂。与单一溶剂一样，首先使用文献中报道的该类化合物所用展开剂进行尝试，并根据实验情况变化展开剂组成比例，直到达到效果好的分离；如果文献没有报道所用展开剂组成，那么展开剂的选择就要靠自己不断变换展开剂的组成及配比来达到最佳效果。通常使用一个由高极性和低极性溶剂组成的混合溶剂，高极性的溶剂还有增加区分度的作用。一般先采用高极性溶剂/低极性溶剂两种体积比为 1/3 的混合溶剂，如果有分开的迹象，再调整比例（或者加入第三种溶剂），直至达到最佳效果；如果没有分开的迹象（在板上形成的是带状而不是一些斑点），则最好是更换其他的溶剂。R_f 值的最佳范围为 0.2～0.5，可使用范围为 0.2～0.8。对极性化合物，如果 R_f 值太小，可加极性较大溶剂；如果太大，可加非极性溶剂。常见的溶剂组合有：石油醚/乙酸乙酯，石油醚/丙酮，石油醚/乙醚，石油醚/二氯甲烷，乙酸乙酯/甲醇，氯仿/乙酸乙酯等。

选择展开剂时应注意以下几个问题。①使用的溶剂必须是“分析纯”

或“色谱纯”，溶剂的含水量和杂质含量对分离效果都有明显的影响。②选择的展开剂最好是价格便宜、毒性小、挥发度适中，而且容易购买到的普通溶剂。③混合溶剂的组成通常采用体积比，要求新鲜配制，不能多次反复使用。④配制混合溶剂时，应按比例把各溶剂移入分液漏斗或锥形瓶中，强烈振摇使混合液充分混匀，不可通过振摇展开缸来配制展开剂。⑤对于有遇酸性物质易分解的组分时，在硅胶板上展开时，展开剂里往往添加少量三乙胺、氨水或吡啶等碱性物质来中和硅胶的酸性，所添加的碱性物质应容易从产品中除去。⑥改善拖尾现象措施：当样品中含有羰基时，在非极性溶剂中加入少量丙酮；当样品中含有羟基时，于非极性溶剂中加入少量甲醇、乙醇等；当含有羧基时，可加入少量的甲酸、乙酸；当含有氨基时，可加入少量六氢吡啶、二乙胺、氨水等，可改善拖尾的出现，提高碱性或酸性化合物的分离效果。总之，加入的溶剂应与被测物的官能团相似。

4.2.6 薄层展开

展开剂带动样点在薄层板上移动的过程叫展开。展开过程是在充满展开剂蒸气的密闭的器皿中进行的，商品名称为展开槽、展开缸或色谱缸，形状有长方形和圆形两种。在实验室里做定性薄层分析时，若无展开槽，可用广口瓶或其他带有盖子的玻璃瓶代替。

定性薄层的展开过程如图 4-6 所示。先在展开容器中装入所选择的展开剂，展开剂的高度为 0.5～1.0cm，盖上盖子放置片刻，使蒸气充满容器。为了尽快地使容器内的蒸气达到汽液平衡，可在展开容器内放一张滤纸衬里，使展开剂沿衬里上升并挥发，这张被溶剂润湿过的衬里也有助于加快展开过程，但要注意滤纸不得完全围住容器内壁，必须留出一道垂直的缝（2～3cm 宽），以供观察展开过程。然后将点好样的薄层板小心放入展开容器，使其点样一端向下（注意样点不要浸泡在展开剂中），盖好盖子。由于吸附剂的毛细作用展开剂不断上升，如果展开剂合适，样点也随之展开，极性小的组分上升的速度快，走在前面，极性大的组分上升的速度慢，走在后面。当展开剂前沿到达距薄层板上端约 1cm 处时，取出薄层板并立即用铅笔标出展开剂前沿的位置。待展开剂干燥后，在紫外灯下观察斑点的位置。分别测量前沿及各样点中心到起始线的距离，就可以计算样品中各组分的比移值。根据初始薄层色谱结果修改溶剂体系的选择，如果样品中各组分的比移值都比较小，则应该换用极性大一些的展开剂；反之，如果各组分的比移值都较大，则应换用极性小一些的展开剂。每次更换展开剂，必须等展开容器中前一次的展开剂挥发干净后，再放入新的展开剂。更换展开剂后，必须更换薄层板并重新点样、展开，重复整个操作过程。

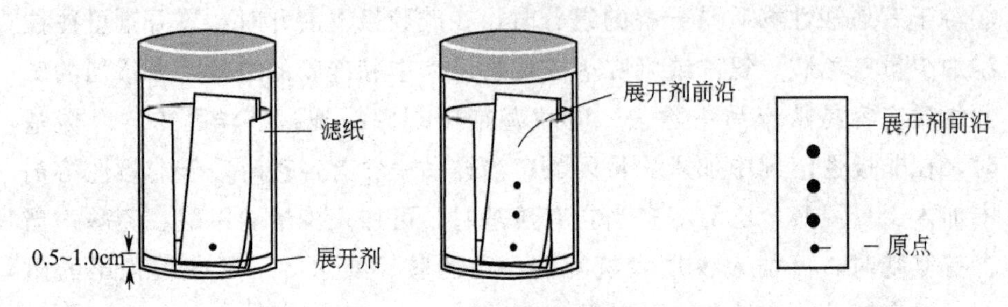

图 4-6　薄层色谱展开

薄层展开时应注意以下几个问题。①将薄层板放入展开容器时，务须留心勿使任何涂层部分触及滤纸衬里。②展开容器底部的展开剂液面不可高出点在板上的斑点，否则点在板上的物料将被溶入展开剂中，而无法进行色谱分离了。③一旦薄层板已正确放妥，应立即重新盖上展开容器的盖子，等待溶剂通过毛细作用沿板上行。这种上行通常是相当快的，必须留心观察，让溶剂向上展开距薄层板上端约 1cm 处即应将板取出，切勿让溶剂前沿上升至表面涂层之顶端。④展开容器要密封，展开过程中不能打开展开容器的盖子。⑤如果在薄板上点样变成了条纹状而不是一个圆圈状，那么样品浓度可能太高了。稀释样品后再进行一次薄板色谱分离，如果还是不能奏效，就应该考虑换一种溶剂体系。⑥如果想让 R_f 值变得更大一些，应使溶剂体系极性更强些；如果想让 R_f 值变小，就应该使溶剂体系的极性减小些。

制备薄层的展开与定性薄层的展开类似，只不过所用展开容器更大一些而已。制备薄层的展开多使用直立式薄层双槽展开缸或平底展开缸。一种操作方法如图 4-7(a) 所示，将展开剂倒入展开缸的两个槽内，把与展开缸相同型号的滤纸用适量的溶剂湿润后贴在展开缸正面，盖上盖子，放置 30min 左右，然后将盖子移向一边，薄层板薄层面向着滤纸竖放入溶剂中，盖好展开缸进行色谱分离。另一种操作方法如图 4-7(b) 所示，将展开剂倒入展开缸的一个槽内，把与展开室相同型号的滤纸用适量的溶剂湿润后贴在玻璃展开室正面，另一槽空着，薄层板薄层面向滤纸置放在空槽中，15min后，稳稳地倾斜展开缸，使足够量的溶剂移至有薄层板的槽中［如图4-7(c)］，然后放平［如图4-3(d)］，色谱展开开始。同第一种操作相比，第二种操作更节省溶剂，也便于预平衡。若使用平底展开缸，可将倒入展开剂的展开缸一端垫高，将薄板置于展开缸垫高一端，盖好盖子，使薄板饱和0.5h左右，将侧倾的展开缸放平，使色谱展开开始。

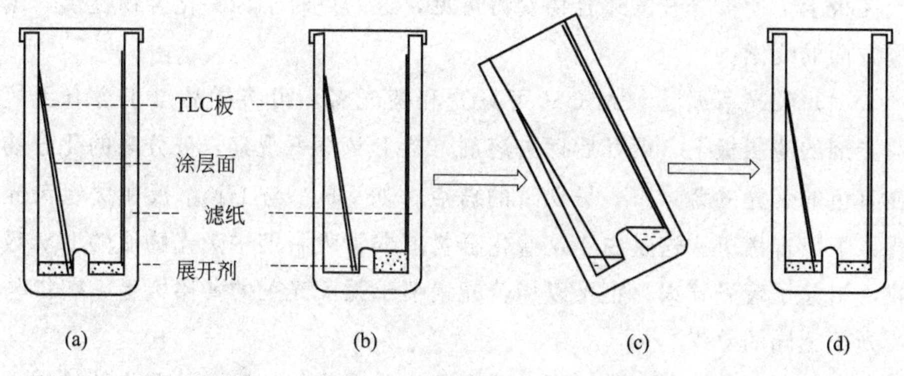

图4-7 制备薄层的展开

制备薄层展开时应注意的问题如下。①色谱分离前必须让展开剂的蒸气充满展开缸，如果同时使薄层板吸附蒸气达到饱和，可有效地防止边沿效应（同一物质在同一薄层板展开时，会出现中间部分的R_f值比边缘部分的R_f值小），饱和时间在0.5h左右。②切忌将样品带浸泡在展开剂中。③若点样带较宽，可先用较大极性溶剂将薄层板展开到点样带上端2cm处，以起到浓集作用，然后将薄板干燥，再用所需展开剂展开。④采用多次展开可以提高制备薄层的分离效果，即在一次展开结束后，先将板干燥，再放入展开缸内展开。多次展开可分为单向多次展开（同一种展开剂，以增加展开距离）和梯度展开（不同种展开剂，以增加分离度）。

4.2.7 检测方法

4.2.7.1 光学检测

光学检测法包括可见光法、紫外光法和荧光法三种。

(1) 可见光　若TLC所分离的化合物如染料、蒽醌等对可见光有吸收，因此在自然光下呈现不同颜色的斑点，可直接凭视觉观察。

(2) UV法　多数化合物在可见光下不能显色，是无色的，但一些化合物可吸收UV光，在紫外灯下显示出不同颜色的斑点，使分开的化合物能被看出。

(3) 荧光法　在紫外灯下，因为某些种类的化合物由于吸收UV光能发荧光，故能在紫外光下非常强烈地发光，化合物往往作为光亮的斑点出现在板上，使被分开的化合物变得可见，这一点时常为一化合物提供其结构方面的线索。

(4) 荧光萃灭法　无UV-可见光和荧光者，可将样品点于含有无机荧光剂的薄层板上，展开后挥去溶剂，置UV灯下观察，被分离的化合物在有色的荧光的背景下，呈现暗的斑点。如GF_{254}与HF_{254}板在黄绿荧光背景下出现黑斑。这是由于这些化合物减弱了吸附剂中荧光物质的UV吸收，引起了荧光猝灭。也可以将荧光素喷于无荧光剂的薄层板上，获得与荧光板相同的效果。

光学检测法不仅方便，而且不会改变化合物的性质，是首先的检测方法。对光敏感的化合物要注意避光，以及尽量缩短用紫外灯照射的时间。

4.2.7.2　蒸气检出

利用一些物质的蒸气与样品作用，产生不同颜色或产生荧光，从而识别已分开的化合物。

碘熏显色是实验室常用方法，价廉易得，显色迅速、灵敏。展开后的薄层板先挥发出溶剂，再放入盛有I_2结晶的密闭容器中，大多数化合物(除饱和烃和卤代烃外）吸附I_2蒸气后，呈现不同程度的黄褐色色斑。薄层板自容器取出后，立即标出斑点位置，借此检出所分离的化合物位置。多数情况下，当薄层离开I_2蒸气后，黄褐色色斑逐渐消退，这是可逆反应，不影响产物性质。若不退色，为不可逆反应，只可用于定性，对化合物制备不可取。

挥发性的酸、碱如盐酸、硝酸、浓氨水、二乙胺等蒸气也常用于蒸气显色。

4.2.7.3 显色法

许多化合物是不呈颜色的，并且对UV-可见光和荧光均不能显示斑点，在这种情况下，必须使用能使被分开的化合物变得可见的某种试剂，使分开的化合物能被看出。能使斑点显色的试剂称为显色试剂，能使斑点变成明显可见的各种检查法称为显示法。常用喷洒、浸渍等显色法，即用适当的试剂浸渍或均匀地喷洒于薄层板面上，直接观察或加热显色后观察。显色剂分两大类：一类为检查一般有机化合物的通用试剂；另一类为根据化合物或特殊官能团设计的专属性显色剂。表4-2列出了一些实验室经常用的显色剂。

表4-2 实验室中常用的薄层板显色剂

显色剂	适用对象	配制方法
浓硫酸	广谱	10% H_2SO_4 或硫酸-乙醇(1∶1)溶液
硫酸铈	生物碱	10%硫酸铈加入15%硫酸的水溶液
氯化铁	苯酚类化合物	1% $FeCl_3$ 加入50%乙醇水溶液
氨水	苯酚类	用浓氨水熏蒸
浓盐酸	芳香酸或胺类	用浓盐酸熏蒸
桑色素	广谱，有荧光活性	0.1%桑色素加入甲醇
水合茚三酮	氨基酸	1.5g 茚三酮、100mL 正丁醇、3.0mL 醋酸
2,4-二硝基苯肼	醛和酮	12g 二硝基苯肼、60mL 浓硫酸、80mL 水、200mL 乙醇
香草醛	广谱	15g 香草醛、250mL 乙醇、2.5mL 浓硫酸混合液
高锰酸钾	含还原性基团化合物(如羟基，氨基，醛)	1.5g $KMnO_4$、10g K_2CO_3、1.25mL 10%NaOH 加入200mL 水
溴钾酚绿	羧酸	在100mL 乙醇中，加入0.04g 溴钾酚绿，缓慢滴加0.1mol/L的NaOH水溶液，刚好出现蓝色即止
茴香醛	广谱	135mL 乙醇、5mL 浓硫酸、1.5mL 冰醋酸、3.7mL 茴香醛混合
磷钼酸	广谱	10g 磷钼酸+100mL 乙醇
硝酸银-过氧化氢	卤代烃类	0.1g 硝酸银溶于1mL 水，加100mL 2-苯氧基乙醇，丙酮稀释至200mL，再加一滴30%过氧化氢

续表

显色剂	适用对象	配制方法
荧光素-溴	不饱和烃	(Ⅰ):0.1g 荧光素溶于 100mL 乙醇;(Ⅱ):5%溴的四氯化碳溶液[先喷(Ⅰ),然后置含溶液(Ⅱ)容器内]
四氯邻苯二甲酸酐	芳香烃	2%四氯邻苯二甲酸酐的丙酮与氯代苯(10∶1)溶液
甲醛-硫酸	多环芳烃	0.2mL 37%甲醛溶于 10mL 浓硫酸
硝酸-乙醇	脂肪族胺类	50 滴 65%硝酸溶于 100mL 乙醇中
硫氰酸钴	生物碱、胺类	3g 硫氰酸铵与 1g 氯化钴溶于 20mL 水中
葡萄糖-磷酸	芳香胺类	葡萄糖 2g 溶于 10mL 85%磷酸与 40mL 水中,再加乙醇与正丁醇各 30mL
氯化钯	含 S 和 Se 类化合物	0.5%氯化钯水溶液加入几滴浓盐酸

使用显色法检测时应注意的问题：当使用显色剂浸渍时，将干燥的薄板用镊子夹起并放入显色剂中，确保从基线到溶剂前沿都被浸没。用纸巾擦干薄板的背面，将薄板放在加热板上观察斑点的变化。在斑点变得可见而且背景颜色未能遮盖住斑点之前，将薄板从加热板上取下；需加热显色者应注意加热时间和温度，尤其含羧甲基纤维素钠的薄层板，加热温度过高或时间过长，容易引起板面的焦化，如用硫酸等显色剂更易造成板面的炭化而影响显色效果；显色法主要用于定性分析定位，制备型较少应用。对于制备薄层（PTLC），若对 UV-可见光和荧光均不能显示斑点，因不能碘熏色、不能加显色剂等，可利用参照物的 R_f 值，确定被分离化合物的位置。

4.2.8 被分离物质的收集

对于制备薄层色谱来说，经色谱分离后，还需收集被分离的物质。在确定谱带位置后，可用刮刀或用与真空收集器相连的管状刮离器将这些谱带中的吸附剂从板上刮下，后一种方法对持续与气流接触，所含的纯化合物有被氧化的危险，所以不适用于易氧化的物质。无论采用何种回收方法，都应以极性尽可能低的溶剂使化合物从吸附剂中提取出来（1g 吸附剂约用 5mL 溶剂）。

值得注意的是化合物与吸附剂接触时间越长，被破坏的可能性也越大。因此，可先用4型砂芯漏斗过滤出洗脱液，然后用滤膜（0.2～0.45μm）过滤，以除去吸附剂，滤液旋蒸出溶剂，便可得到所需的组分。甲醇可溶解硅胶及其中一些物质，所以不适用于从硅胶上洗脱被分离的化合物，常用溶剂有丙酮、氯仿等。因吸附剂中含有黏合剂及荧光指示剂，在溶剂提取制备薄层板分离的化合物的过程中，吸附剂中的一些杂质也很可能被提取出来。实际上，提取溶剂的极性越大，被提取出的杂质的量就越大。这些杂质往往无UV吸收，TLC检测难以发现其存在，因此溶剂蒸去后，往往要经重结晶处理或其他相应的手段进行再纯化，方可通过含量测定及光谱分析要求。

4.2.9 常规薄层色谱的应用

最常用的是吸附薄层色谱，其主要用于以下几种目的。

（1）在实验室中，常规薄层色谱作为柱色谱的先导。一般来说，使用某种固定相和流动相可以在柱中分离开的混合物，使用同种固定相和流动相也可以在薄层板上分离开。所以常利用薄层色谱为柱色谱选择吸附剂和淋洗剂，探索最佳的分离条件，这是实验室的常规方法。在薄层上摸索到比较满意的分离条件，即可将此条件用于柱色谱，但亦可以将薄层分离条件作适当改变。

（2）在实验室中，常规薄层色谱可以监控反应进程。TLC常可用于监控一个反应的进程，在反应过程中定时取样，将原料和反应混合物分别点在同一块薄层板上，展开后观察样点的相对浓度变化。若只有原料点，则说明反应没有进行；若原料点很快变淡，产物点很快变浓，则说明反应在迅速进行；若原料点基本消失，产物点变得很浓，则说明反应基本完成。例如，某反应是难挥发性原料A和B作用转变成产物C，其中原料B过量，在反应开始（0h）时就制备一块点上纯A、纯B以及反应混合物的TLC板（见图4-8）。然后每隔0.5h取出反应混合物的样品并进行TLC分析。结果表明，反应进行到2h时，原料A已经消耗完了，反应已达完成。当反应进行超过2.5h后，一个新点，即副产品D开始出现。这样，即可判断适宜的反应时间是2h。

（3）在实验室中，常规薄层色谱可检控其它分离纯化过程。在柱色谱、结晶、萃取等分离纯化过程中，将分离出来的组分或纯化所得的产物

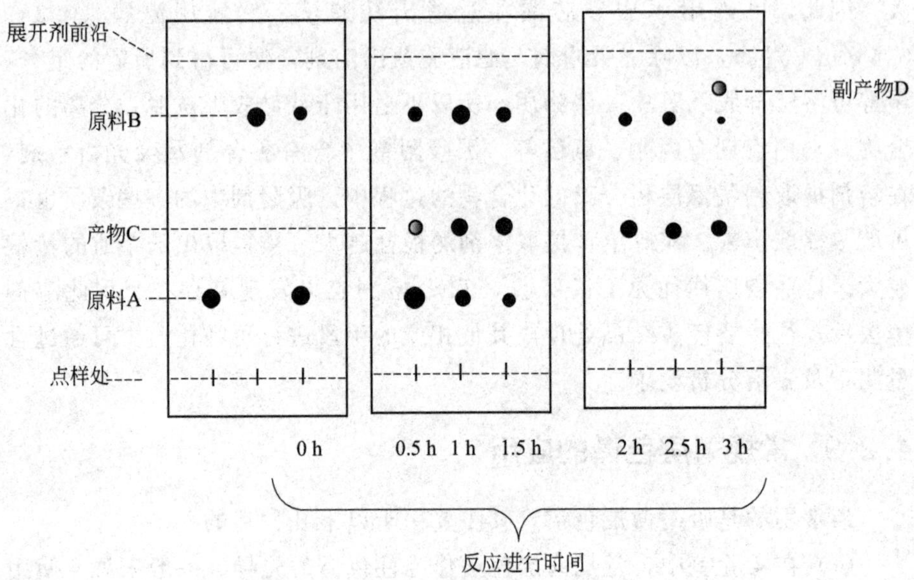

图 4-8　用薄层色谱监控反应进程

溶样点板，展开后如果只有一个点，则说明已经完全分离开了或已经纯化好了；若展开后仍有两个或多个斑点，则说明纯化尚未达到预期的效果。例如，用 TLC 监控柱色谱过程，在洗脱过程中各个成分将按何种顺序被洗脱，每一洗脱液中是否为单一成分或混合体，均可由薄层的分离得到判断与检验。如图 4-9 所示，某混合物含 A、B 和 C 三种组分，用合适溶剂

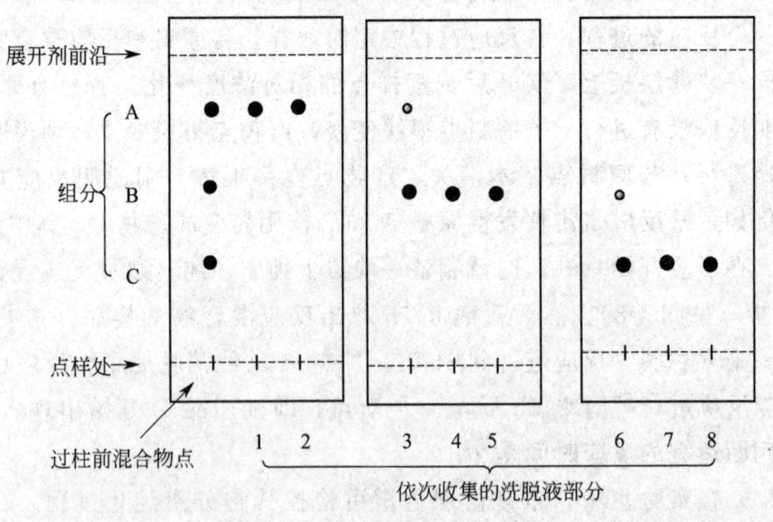

图 4-9　薄层色谱监控柱色谱过程

进行柱色谱，依次收集8份洗脱液，每份15mL。各个部分的薄层分析表明，流出部分1～3含组分A，流出部分4～6含组分B，流出部分7～8含组分C，在流出部分3和6中能看到有少量交叉污染。合并1、2，蒸去溶剂即可得到纯物质A，用同样的方法可得到纯的B、C。

又如从反应中得到的产物是个混合物，在TLC板上用合适的溶剂展开出现两个斑点：A和B。经过重结晶后得到晶体，母液通过TLC检测仍然出现两个点，但A点明显减小，则表明母液中仍含有A和B。而在相同条件下展板，所得晶体只有一个点——A点，由此可以断定这一结晶操作已使A得到了满意的纯度。

(4) 常规薄层色谱确定混合物中的组分数目。一般来说，混合物溶液点样展开后出现几个斑点，就说明混合物中有几个组分。当然，展开剂选择要合适。

(5) 常规薄层色谱可以判断一个化合物究竟是个单纯物质还是混合物。不论薄层板在展开时用何种溶剂，单纯的物质总是只给出一个点。值得注意的是，当处理性质非常相似的化合物时，例如异构体，可能难于找到一种分离该混合物的溶剂，但无法达到分离决不能作为该化合物就是一个单纯物质的绝对证据。利用TLC判断物质的纯度时，往往要与核磁相结合。

(6) 常规薄层色谱可以确定两个或多个样品是否为同一物质。将各样品点在同一块薄层板上，用数种溶剂展开后，若各样点上升的相对高度均相同，则大体上可以认定为同一物质，但一般还需用红外光谱、核磁等多种仪器分析方法加以核对；若上升高度不同，则肯定不是同一物质。常规薄层色谱可以根据薄层板上各组分斑点的相对浓度粗略地判断各组分的相对含量迅速分离出少量纯净样品。为了尽快从反应混合物中分离出少量纯净样品作分析测试，可扩大薄层板的面积，加大薄层的厚度，并将混合物样点点成一条线，一次可分离出最多500mg的样品。此外，薄层色谱(TLC)技术还广泛应用于临床和生化检验以及毒物分析、中草药药材品种及其制剂真伪的检查、中草药药材质量控制等。

4.3 离心薄层色谱

经典制备薄层色谱存在一些不足之处，如需要将被分开的化合物从薄层板上刮下，并用溶剂将其从吸附剂上洗脱下来。当将有毒化合物从薄层板上刮下时，常会遇到一定困难。同时，分离所需时间较长；在用溶剂对谱带上化合物进行提取后，其中可能混入来自于吸附剂的杂质和残留物。为克服上述缺点，在经典制备薄层色谱的基础上，发明了另外一种制备薄层色谱法，即离心薄层色谱。

4.3.1 离心薄层色谱的技术原理

离心薄层色谱（centrifugal thin-layer chromatography，CTLC）又称旋转薄层色谱，是一种离心型连续洗脱的环形薄层色谱分离技术，主要是在经典的薄层色谱基础上运用离心力促使流动相加速流动进行吸附色谱和分配色谱，也就是使涂有吸附剂薄层的转子在旋转过程中，在离心力的作用下，使溶剂在洗脱过程中，将样品在吸附层被分离形成同心谱带，使 R_f 值的差异加大，从而达到良好的分离效果，同时也加速了分离速度，依次将不同组分的化合物，从转子边缘分离而出。其仪器结构如图 4-10 所示。

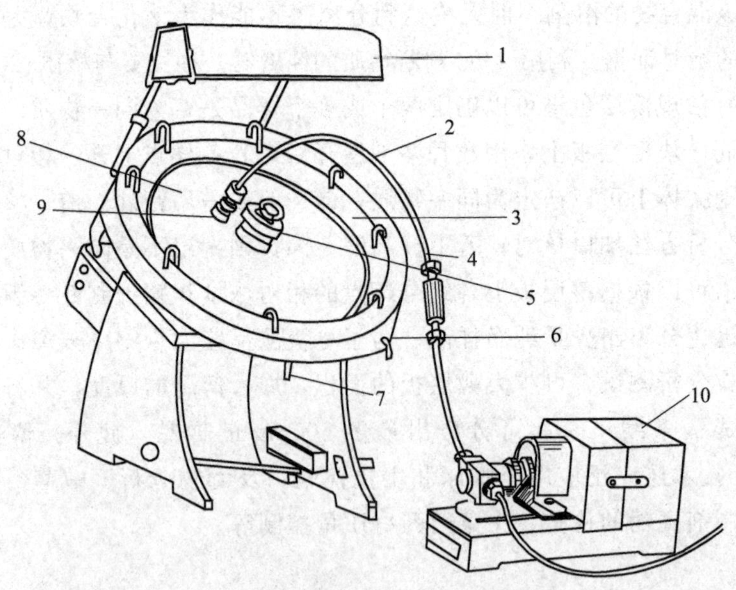

图 4-10 离心薄层色谱仪结构

1—紫外灯；2—注射系统；3—石英玻璃罩；4—导管；5—转动轴；6—氮气入口；7—出口管；8—转子；9—入口；10—输液泵

与经典的制备薄层色谱相比，离心薄层色谱具有以下突出的特点。①分离过程短，速度快，短时间内即可分离收集得到纯品，敏感物质的氧化少。②所用吸附剂和洗脱剂量少，分离性能好，分离效果高，重演性良好，分离制备范围大，可从毫克级到克级。③薄层板经洗脱除去极性物质后，挥发干，再经活化，可反复使用，不需要刮离吸附剂。④仪器简单、操作方便，占用空间小，性能稳定，不需要高压技术，特别适用于微量样品，或对热不稳定化合物的分离与纯化。

4.3.2 旋转薄层板的制备

分离效果的好坏与薄层板的制作和存放有着密切关系，因此制作薄层板是很重要的。离心薄层吸附剂与常规薄层的吸附剂一样，现以硅胶旋转薄层板的制备为例，其制备方法如图 4-11 所示，其它吸附剂的薄板的制备方法与之类似。

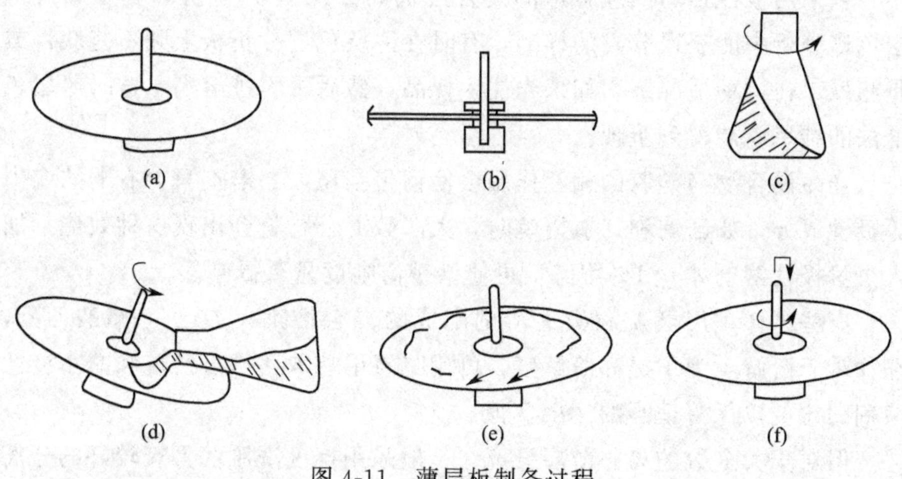

图 4-11 薄层板制备过程

把转子（薄层板）固定在转轴上如图 4-11(a)，然后水平放置如图 4-11(b)。把所需要的吸附剂和需要的各种物质放在一个锥形烧瓶内，加水混合，进行搅拌，或在玻璃乳钵内研细研匀如图 4-11(c)。转到转子连续倾倒出吸附剂，覆盖在轴的中心附近如图 4-11(d)，当大部分转子被覆盖后吸附剂将向外流出直至平复为止如图 4-11(e)；不时地振动转子，其目的是释放出气体使组织紧密如图 4-11(f)。此项操作须在 5min 内完成。

铺好后要慢慢干燥，可在转子四周放4个250mL锥形瓶，上面架一块35cm方形玻璃板，以减少空气的流动，如果干燥太快，易产生裂纹。在空气中至少干燥24h，再放烘箱中70～90℃干燥活化2～3h。

刮制吸附层及存放。烘干后的转子须完全冷却后再进行刮制，使刮板以轻微的压力由浅入深，连续转动，直至刮到玻璃处，然后用清除刮板除去边缘和中心部分的硅胶。整形后的转子应具有光滑平整的表面，一般放在干燥器中密闭储藏。

4.3.3 色谱条件的选择

离心薄层色谱分析是薄层型的，与常规的薄层色谱法相似，因此可以根据分析型薄层条件找出能提供 R_f 值在0.2～0.5范围内的溶剂系统。否则将相同的溶剂系统用于离心薄层色谱时，洗脱速度会太快。实验证明，一个2mm厚的薄层，可分离50～500mg的混合物。

当采用极性强弱相差悬殊的混合溶剂如二氯甲烷-甲醇时，在离心薄层色谱分析中能获得分离的样品，有时在薄层色谱分析板上则不能获得或是相反。在这种情况下，如果先注入样品，然后再引进溶剂，这时薄层色谱法的结果就能得到重现。

样品混合物与硅胶的相互作用会使谱带拖尾，当溶剂只含有弱的或中等极性成分，如己烷和二氯甲烷时，大多数混合物将会出现这种效应，加入少量极性溶剂如0.1%甲醇，可使谱带清晰度显著提高。

有些试样，用己烷和极性溶剂配成的混合溶剂，如己烷-醋酸乙酯，往往难于溶解，为了提高溶解度，可用二氯甲烷取代部分己烷和减小极性溶剂的比例以保持适当的“R_f”值。

但对于大多数的离心薄层分离，一般采用梯度洗脱法具有较好的分离效果。梯度洗脱即分段地添加极性溶剂，使洗脱液的极性增加。必须注意的是，由于仪器空间的蒸气很快趋于平衡，使梯度部分变为平滑，此时往往只需改变二三个梯度来提高极性，比柱色谱法提高极性速度快得多。梯度变化的时间不宜过长，否则分离效果反而更差。

如果采用紫外吸收原理进行检验，则可供选择的溶剂有己烷、石油醚、乙醚、乙醇、二氯甲烷、甲醇等，易吸收紫外的丙酮则不易采用。醋酸乙酯虽能吸收紫外光，但在有些情况仍可以使用。

4.3.4 色谱分离操作

欲分离的样品由双向微量注射泵通过“注入系统”注入涂有吸附剂的转子靠近中心部位（如图 4-12 所示），涂有吸附剂薄层的玻璃盘转子被固定在离心主机的法兰盘上，用紧固螺钉旋紧。当样品和溶剂依次送入，在溶剂的洗脱过程中，在离心力的作用下，样品即在吸附层上被分离形成同心谱带，并依次同洗脱剂一起从转子边缘分离而出流向外围，被分离的样品经一流出管收集。然后可利用薄层色谱对所收集的流分进行分析。

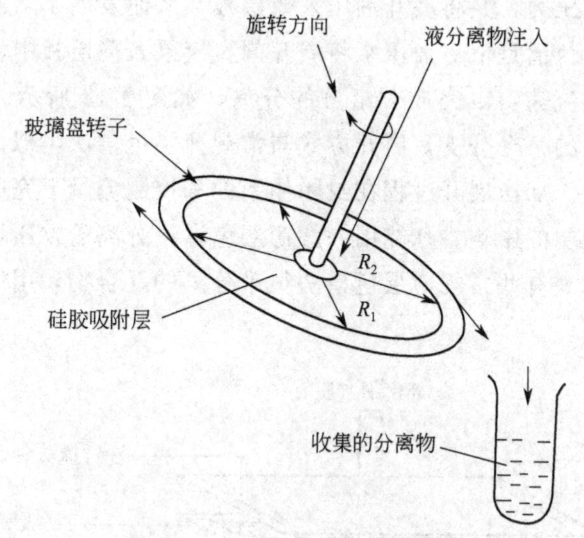

图 4-12 离心薄层色谱操作

圆形色谱板上展开的圆形色谱带可借 UV 灯检出，覆盖的石英玻璃不妨碍 UV 穿过。有时可持续通氮气入色谱室中，以防洗脱液凝结和样品被氧化。

4.4 加压薄层色谱

薄层色谱法作为一种快速简便的色谱技术已在众多领域中广泛应用。传统的制备板薄层是靠毛细管作用，展开剂将样品展开，其分离时间不可控制，而且随着展开距离的增加，溶剂前沿的移动逐渐减慢，展开剂气相对分离有较大影响，被分离组分的扩散也越来越严重。针对此情况，分析学家对薄层系统进行了改进，发展了加压薄层色谱（overpressured-layer chromatography，OPLC）。加压薄层色谱是靠外压作用，使展开剂强制性流动的一种技术。

4.4.1 基本原理

20世纪60年代出现了薄层色谱超微展开室。这种展开室在展开过程中用一块玻璃或塑料膜覆盖在薄层板的表面，从而减少了薄层分离中气相的影响。1979年Tyihak在超微展开室的基础上，在覆盖薄层板的塑料膜上加以一定的压力，并将展开剂压入薄层板，从而发展了加压薄层色谱技术。加压薄层色谱是依靠加压泵将展开剂直接泵入薄层板中，并通过泵来调节展开剂的流速，以完成对组分的分离，如图4-13所示。加压薄层色谱是薄层色谱的一个分支，展开方式与常规薄层色谱法类似，更接近于高效液相色谱法。加压展开过程在封闭体系内和控制流量下完成，排除了移动相蒸气对板层的影响。凡能用一般薄层色谱法分离的物质均可用加压薄层色谱法分离。有些常规薄层色谱法很难分离的混合物，用加压展开技术却很容易分开。

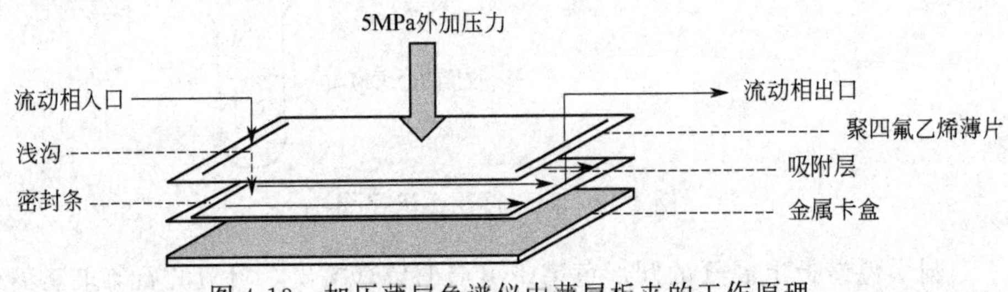

图4-13 加压薄层色谱仪中薄层板夹的工作原理

加压薄层色谱法是一种将薄层色谱法和高效液相色谱法的优点结合起来的技术，具有以下一些特点。①色谱图可见，并可用于谱图定性。②具有可控制的标准化展开条件，能排除溶剂蒸气相的影响，移动相流量可以根据待分离混合物的性质进行优化。③分离距离加长，分离效果提高。由于移动相在加压条件下运动，线速比高效液相色谱快5倍，板层尺寸增大，分离距离加长，OPLC中薄层板的长度多为20cm。④移动相的选择比较容易且用量少，甚至可采用腐蚀性溶剂，加压使得某些湿润能力较差的流动相也可采用，一般不需要考虑溶剂的润湿性。⑤OPLC通过泵将展开剂输送至薄层板，使展开时间缩短，待分离组分的扩散也较小，斑点小，检验灵敏度相应提高。⑥可以用泵连续输送展开剂，展开剂溢出薄层板后分离仍可继续进行，从而提高了比移值较小组分的分离度。⑦可采用粒度范围很宽的吸附剂，并能在长距离上实现高效分离，粒度越小分离效率越高。⑧多种样品可同时在一块板上展开。

4.4.2 加压色谱板的制备

薄层板夹是OPLC技术的关键部分。板夹主要由两层构成，上层为聚四氟乙烯薄膜层，下层为一块钢板，薄层板是特殊预制板，一般为硅胶板，薄层厚2mm，吸附剂面向上置于聚四氟乙烯薄膜与钢板之间。在聚四氟乙烯薄膜两边均有一个小孔，溶剂通过这两个小孔进出薄层板。在孔的两侧与薄层板接触的一面刻有凹槽，使溶剂可以快速到达薄层板边缘，从而保证薄层板中间和边缘几乎同时开始展开。在薄层板的边缘有一圈约2mm宽的吸附剂被刮掉，再用高分子材料加上一层密封条，形成封闭的体系，以防止加压展开时展开剂从薄层板边缘溢出。板夹下层的钢板主要起支撑作用。OPLC中常用的薄层板有5cm×20cm、10cm×20cm以及20cm×20cm等规格，不同大小的薄层板使用不同的板夹。

4.4.3 加样与色谱分离操作

加压薄层色谱仪如图4-14所示。

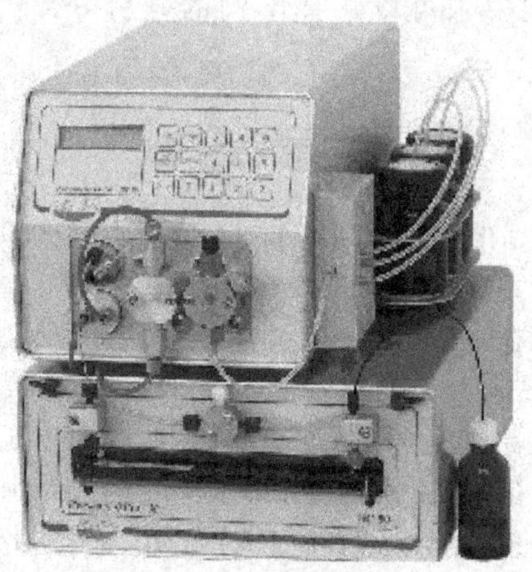

图4-14 加压薄层色谱仪

基本操作过程：加样后，色谱板放入色谱缸，溶剂出入口应接在出入通道上，否则流动相不能分布均匀，然后在板上铺一聚四氟乙烯膜。加压前，使溶剂阀关闭，使溶剂的压力达到一定值，打开阀门，让溶剂在通道上分布，流动相均匀流过薄层全程，从输出通道流出，经过检测器收集之。

由于 OPLC 采用了泵输送溶剂，因此可进行类似于高效液相色谱的在线分析，也因此有多种工作方式可供选择。

(1) 离线点样—分离—离线扫描　这种工作方式类似于传统的薄层色谱。首先将样品点于薄层色谱板上，然后进行分离，分离后取出薄层板进行定性定量分析。在这种方法中可以同时进行多个样品的分析，此外也可选择多种显色剂进行显色，以提高分析的专属性和灵敏度。

(2) 离线点样—分离—在线检测　在 OPLC 仪后可以串联高效液相色谱用的紫外或其他类型的检测器，从而进行在线检测。可将样品点于薄层色谱板上用展开剂将其连续洗脱后用检测器测定洗脱液。

(3) 在线进样—分离—离线扫描　在展开室前可以连接高效液相色谱用手动进样器，将薄层板用展开剂充分冲洗润湿后直接在线进样，样品分离后取出薄层板进行检测。这种工作方式每次只能分析一个样品。

(4) 在线进样—分离—在线检测　样品经在线进样分离后也可串联高效液相色谱用检测器进行在线检测。这种方法和高效液相色谱较为相似。因此也有人将 OPLC 称为平面柱色谱。

针对不同的实验要求可以选择不同的分析方式，这是 OPLC 一个很突出的优点。

参考文献

[1] 兰州大学、复旦大学化学系有机化学教研室编．有机化学实验．第2版．北京：高等教育出版社，1994.

[2] 北京大学化学学院有机化学研究所．有机化学实验．第2版．北京：北京大学出版社，2002.

[3] 李兆陇，阴金香，林天舒编．有机化学实验．北京：清华大学出版社，2000.

[4] 王福来编著．有机化学实验．武汉：武汉大学出版社，2001.

[5] 刘成梅，游海．天然产物有效成分的分离与应用．北京：化学工业出版社，2003.

[6] 汪茂田，谢培山，王忠东．天然有机化合物提取分离与结构鉴定．北京：化学工业

出版社，2004.
[7] 孔垂华，徐效华编．有机物的分离和结构鉴定．北京：化学工业出版社，2003.
[8] 顾觉奋主编．分离纯化工艺原理．北京：中国医药科技出版社，2002.
[9] 何丽一．薄层色谱法的基本技术．薄层色谱讲座，1987，5（4）：232.
[10] 张震南．薄层色谱 ABC(2) ——薄层板制备和点样．云南化工，1995，(2)：54.
[11] 张震南．薄层色谱 ABC(3) ——薄层色谱的展开和定位．云南化工，1995，(3)：49.
[12] 何轶，鲁静，林瑞超．加压薄层色谱法的原理及其应用．色谱，2006，24：99.
[13] K. 霍斯泰特慢，A. 马斯顿，M. 霍斯泰特曼著．制备色谱技术——在天然产物分离中的应用．赵维民，张天佑译．北京：科学出版社，2000.
[14] 丁明玉等编著．现代分离方法与技术．北京：化学工业出版社，2006.

第5章　纸色谱技术

纸色谱法，其实验技术与薄层色谱有些相似，但分离的原理更接近于萃取。纸色谱分析方法是1944年由Consden和Martin等发明的，后来该方法被用于分析蛋白质水解产物及对氨基酸的混合物进行分离分析。纸色谱分析法的最重要的特征是能够分离有极性的化合物。纸色谱是一种微量混合物的快速分离技术，不仅可用于微量样品的分离，也可用于分析鉴定，特别是在鉴定高极性、亲水性强或多官能团的化合物时，其效果往往优于薄层色谱。纸色谱多用于醇类、碳水化合物、生物碱、氨基酸和天然色素等天然物质的鉴定和分离。纸色谱操作简便，分离效能较好，所用仪器设备简单、价廉，灵敏度一般很高，普通实验室内都可以进行，因而在有机化学、分析化学、生物化学等方面得到广泛使用。

5.1　纸色谱原理

纸色谱是一种分配色谱，分配色谱利用固定相与流动相之间对待分离组分溶解度的差异来实现分离。分配色谱的固定相一般为液相的溶剂，依靠键合、吸附等手段分布于色谱柱或者担体表面。分配色谱过程本质上是组分分子在固定相和流动相之间不断达到溶解平衡的过程。纸色谱载体为滤纸。滤纸的化学组成是纤维素的集合体（$C_6H_{10}O_5$），纤维素为具有类似硅胶性质的惰性物质，其分子中有很多羟基，有较强的亲水性，能够吸附20%左右的水分（称为吸附水）而让移动液相自由流过，所以可以作为分配色谱的载体。因为滤纸纤维对水有较大的亲和力，对有机溶剂的亲和力则较差，当含水的有机溶剂在滤纸上渗透时，其中约有6%的水分与纤维素上的羟基结合形成复合物，有机相在纸上扩散的速度因而降低，当纤维素吸附一定量的水分后，羟基亲水性强度与有机溶剂亲水性强度可达到一定平衡，即水分子按一定比例分配在有机溶剂与滤纸中间，形成了液-液分配色谱中的固定相。所以纸色谱所使用的固定相一般为纸纤维吸附的水（或水溶液），而流动相（展开剂）为被水饱和的有机溶剂（其中含有一定比例的水）。固定相中所含的这一部分水和与水相混溶的有机溶剂（即展开剂）能形成类似不相混溶的两相，一相是以水饱和的有机溶剂相，一相是以有机溶剂饱和的水相。在滤纸的一定部位点上样品，当展开剂沿滤纸流经过原点时，部分试样即溶解在作为固定相的水中。溶剂由于滤纸的毛细现象在纸上渗透扩展的每一瞬间，可以认为是一个体积无限小的流动相与一个体积无限小的固定相接触，试样即在它们中间不断进行分配。随着展开剂的流动，试样组分便在固定相（水）和流动相（有机溶剂）之间连续发生多次分配，由于试样中各组分在两相间的分配系数不同，不同组分随展开剂移动的速度也不同，在流动相中随展开剂移动速度较快的是具有较大溶解度的物质，而随展开剂移动速度较慢的是在水中溶解度较大的物质，因此这样便能把混合物中的各组分分离开。

虽然滤纸纤维对某些化合物有时也存在吸附作用及呈现弱的离子交换作用，但在纸色谱法中起主要分离作用的是被分离物质在两相中的分配，因此分配机理是主要的，纸色谱法属于液-液分配色谱法。由于滤纸对样品也存在一定的吸附力，在多数情况下得到的色谱图是边缘模糊或稍带拖尾的斑点。如果使用无水溶剂作展开剂，往往出现斑点拖尾以至影响分离完全，因此，为减少斑点的拖尾，在实际操作中常常用跟水易混合的有机溶剂作展开剂使用，这部分水被滤纸吸附后作为固定相，同时降低了滤纸的吸附性。

通常将溶质在色谱纸上移动的速度用比移值 R_f 表示，比移值（R_f=样品点样点中心至展开斑点中心的距离/样品点样点中心至展开剂前沿的距离）随被分离组分的结构、固定相与展开剂的性质、温度以及纸的质量等因素而变化。当温度、滤纸、展开剂等实验条件固定时，R_f 值应是化合物的特性常数，因而可作定性分析的依据。但由于影响比移值的因素很多难以准确测定，实验数据往往与文献记载不完全相同，因此在鉴定时常常采用标准样品作对照，一般采取在相同实验条件下用标准试样作对比实验，即把未知混合物试样和已知的标准试样点加到同一条色谱纸上。

5.2 滤纸的选择

5.2.1 纸色谱所用滤纸

虽然一般认为纸色谱中所用的纸仅仅是用来支持固定相的，但是纸的性质对分离的效果有很大的影响，高质量的纸可以得到好的分离效果。纸色谱法使用的滤纸-般应具备以下条件。①滤纸中应没有能够被水或有机溶剂溶解的杂质。②滤纸应具有一定的强度，在被溶剂浸润时，不应有机械拆痕和损伤，以免减弱毛细管作用，影响分离。③滤纸对溶剂的渗透速度应适当，渗透速度太慢，将造成耗费时间太长，而速度太快时易引起斑点拖尾，影响分离效果。④滤纸质地应均一，质地不均匀的滤纸薄厚不相同的部分含水量就会有差异，使溶剂展开不规则，分离结果不好，得不到恒定的 R_f 值。制备色谱用纸的原料，必须是高纯度的纤维素（α-纤维素应占 95%以上）。色谱用滤纸的纤维方向性会影响分离，因此，要保持每次展开时滤纸的纤维方向一致。

根据待分离物质 R_f 的差异来选择合适的滤纸。快速滤纸常用于 R_f 值差别较大的化合物的分离，由于结构疏松，纸内微孔多，纤维素相对较少，因此每单位体积与纸结合的水相对较少，但可保持较多的展开剂，因此物质在纸上的移动快，分辨率低。慢速滤纸只用于 R_f 相差小的物质的分离，可避免色点重叠，分辨率虽高，但展速过慢，较少使用。中速滤纸最常用，具有中等分辨率。不同来源的滤纸，在相同条件下色谱分离，同一化合物的 R_f 值也会有区别。纸色谱分离时化合物的 R_f 值会随使用不同厂家出品或同一厂家的不同规格的滤纸，出现显著的改变，这是由于滤纸的含水量不同。因此应用纸色谱法检识，需要使标准品和未知物在同一张滤纸上进行操作。

在简单的实验中对滤纸没有特殊的要求，使用实验室常用滤纸即可。但在较深入的研究工作中应选择使用专门制造的纸色谱用滤纸。厚色谱纸载量大，常供分离和定量用。若仅作分离用时，可以把多层滤纸摞成整齐的一叠代替厚色谱纸，像单层纸一样展开。

含有杂质或填充剂的滤纸，常会造成色谱分离后纸谱上的色点呈现重影。例如，在用滤纸分离有机酸时，如果滤纸中含有金属杂质，一种酸就可能得到两个色点，一个点是酸，另一点则是这种酸的金属盐。如果滤纸上含有杂质，应先除尽杂质后再使用。一般处理方法为：将滤纸放在2mol/L 的醋酸中浸泡数日，取出后以蒸馏水洗净，以除去纸中的无机离子，再以 1∶1 的丙酮-乙醇混合液浸泡一周以上，以除去纸中的大部分有机杂质，取出后风干备用，使用前还要作充分干燥。用稀碱液处理可减少 β-纤维素和 γ-纤维素和碱溶性杂质。为了提高色谱分离效果，纸色谱用滤纸有时还应进行特殊处理，一些碱类物质如莨菪碱、罂粟碱在进行纸色谱分离时，易产生拖尾现象，如先用 0.5mol/L 的 KCl 溶液处理，可得到较集中的色点。用硼砂液预处理色谱滤纸，可使含有邻羟基的香豆精的 R_f 值变小，而达到分离的目的。

在样品展开的过程中，如果边缘毛糙，则侧边缘的表面积较大，展开剂中极性较小的组分在毛糙边缘处挥发较快，毛糙边缘附近地带的极性小的组分向边缘处扩散，使得极性小的组分在离毛糙边缘较近地带的组成浓度较低，展开剂在上行的过程中，色谱滤纸上挥发掉的组分不能得到及时的补充，因而造成色谱滤纸靠近毛糙边缘地带的展开剂组分不同，也就是说靠近毛糙边缘地带的极性大的组分浓度较远离该边缘地带的展开剂中同组分浓度大，这种浓度差的存在，势必引起极性大的组分横向扩散，由靠近毛糙边缘地带向远离毛糙边缘地带扩散，而且这种扩散始终存在于展开的过程中。对于极性较大的物质展开剂中极性较大的组分对它的萃取能力较强，所以极性大的组分在横向扩散的同时也带动被展开样品向同方向移动，因此出现“偏离”现象，并且展开时间越长，“偏离”程度越严重。在对比实验中由刻刀刻划的整齐的边缘，其毛糙程度比滤纸的表面还低，由于滤纸很薄，边缘处截面积小，极性小的组分在边缘处的挥发速度慢，难以造成浓度差，所以不会引起展开剂组分的横向扩散，“偏离”现象也就不会出现。由此可知，在展开过程中是否会发生“偏离”并不是由色谱缸中展开剂组分的蒸气饱和与否造成的，而是由色谱滤纸在展开方向两侧边缘的状态决定的。

因此，在纸色谱实验时，为了使色谱滤纸在展开方向的两侧边缘裁减整齐，可以用直尺压住色谱滤纸的边缘，然后使刻刀沿直尺刻划，这样处理的边缘较整齐，展开后也就不会出现“偏离”现象。

由于欲色谱分离化合物的性质和所用溶剂系统组成的不同，选用滤纸的长短一般以由起点到色谱分离后溶剂前沿间的距离为30cm左右最常见。但还要视色谱分离的具体条件，例如，亲水性很强的糖类成分，R_f值多数很小，假若溶剂系统在滤纸上移动30cm后，糖类成分移动的距离仍然很短，混合的糖类不容易彼此分离清晰，就有加长纸条的必要性，以增加糖类成分在纸上实际移动的距离。滤纸的宽狭也应根据实际情况选择，对于一个点的分离，可选择宽度为2～2.5cm的滤纸条；对于多点同时色谱分离，可用较宽或正方形滤纸，但是点与点间的距离需要在2.5cm左右，以免色谱分离中色点相互干扰。

5.2.2 纸色谱用滤纸形状的选择

常见的几种纸色谱用滤纸形状有矢量上行色谱纸、下端带锯齿形边缘的滤纸、锥形色谱纸、芯式圆形色谱纸等。

矢量上行色谱纸（图5-1）一般适用于比移值较大的成分的上行展开，形成的色点或色带较为集中，边缘效应也有所改善。借助毛细管的虹吸作用，沿着矢形方向展开。

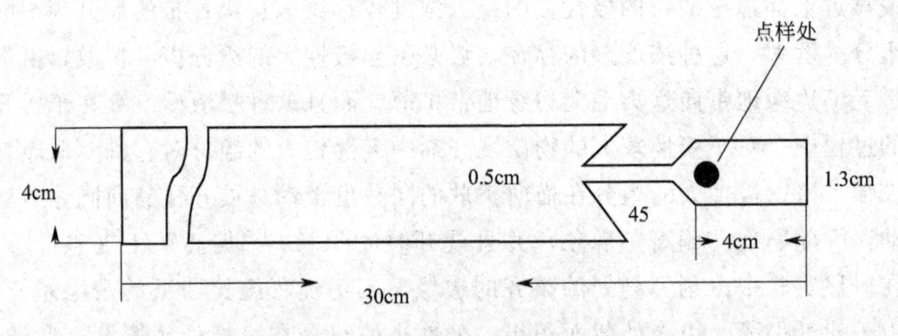

图5-1　矢量上行色谱纸

下端带锯齿形边缘的滤纸（即下行色谱纸，图5-2）适用于比移值较小的物质的下行展开和洗脱。由于溶剂重力作用使展开速度加快，锯齿形边缘有利于展开剂的垂直移动。

锥形色谱纸（图5-3）适用于样品的富集和色谱分离。样品由起始线向上展开，随着有效面积的缩小，使样品的浓度逐渐提高。

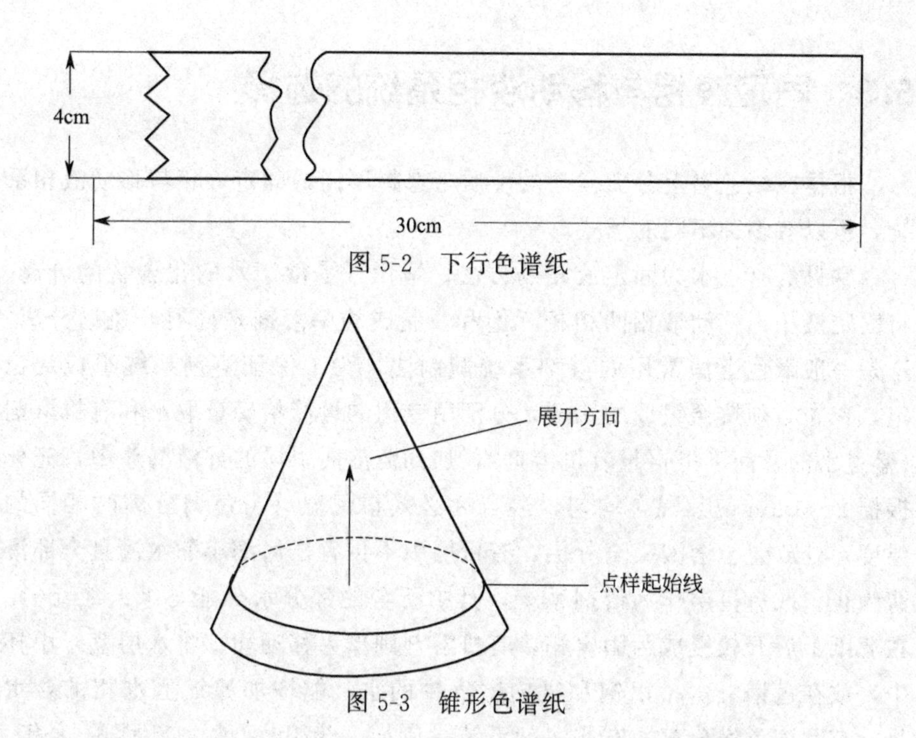

图 5-2 下行色谱纸

图 5-3 锥形色谱纸

芯式圆形色谱纸（图 5-4）适用于小量纯成分的纸色谱分离制备。一张滤纸可同时色谱分离几种样品，适于样品、标准品的对照和测试。被分离样品由小的同心环扇形展开，有效面积不断扩大，展距短，时间快。一张滤纸色谱分离后可剪成数张似扇面状小块，可同时用多种试剂显色，快速简便。由水平型法测得的 R_f 值一般要比同一化合物在同样情况下按垂直法测得的 R_f 值大。

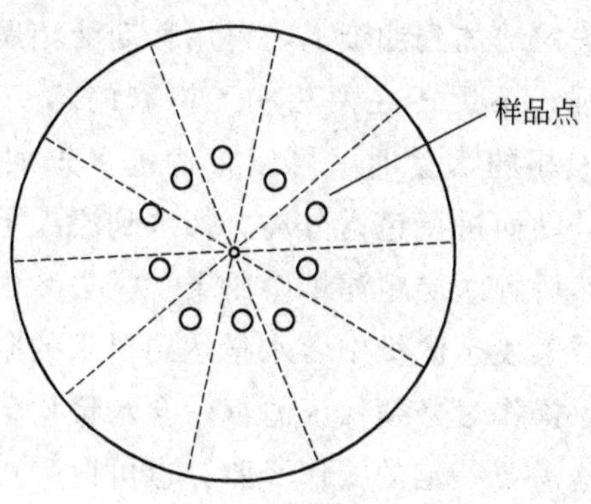

图 5-4 芯式圆形色谱纸

5.3 固定液相与移动液相系统的选择

根据在纸色谱上分离样品的性质来选择不同的固定液相与移动液相系统，可以有多种不同的形式。

常见的有以水为固定液相的方法，适用于易溶于水的化合物的分离。将固定液相与移动液相两相相互饱和，制成均一溶剂系统展开色谱分离。这是一般纸色谱法常用的溶剂系统配制法，为了保证溶剂系统组成的稳定，首先必须按照组成的比例，分别用专用的量筒精确量取水和有机溶剂(盛过水的量筒不可再量有机溶剂)，加到清洁而干燥的分液漏斗中，充分振摇 2～3min 使其混合均匀，混合后必须在恒温（与色谱分离时相同的温度）处放置至溶液完全分层，有机层中不再有任何细小的水滴且全部澄清为止。取有机层作为溶剂系统，其中所含的部分水分能与纸纤维结合，在滤纸上展开较慢成为固定相，有机溶剂则作为移动相；将水层盛于小杯中，放在色谱缸内，以饱和缸内空气中的水，能增加滤纸上水相的含水量，有利于色谱分离。有些溶剂系统，例如，苯-甲醇-水、苯-丙酮-水等，由于挥发性比较强，经较长时间放置，溶剂系统的组成很可能改变，所以此类溶剂系统不宜作过长时间的保存，以现配现用为原则。另外有些溶剂系统，如丁醇-乙酸-水，在混合以及放置过程中可能产生化学变化如酯化反应，则必须于恒温处放置一段时间，待反应不再进行后方可作溶剂系统用。对于能够相互混溶而不分层的溶剂系统，如乙醇-水、乙醚-水等，只需按比例量混合即可使用。

将固定液相先均匀地加到滤纸上，再用移动液相展开色谱分离。如某些化合物亲水性过强，不适于在两相相互饱和的均一溶液系统中色谱分离，需要加大固定液相的水量时，可以将适量水先加到滤纸上为固定液相，再经移动液相推动而进行色谱分离。加水到滤纸上的方法一般是将滤纸用蒸馏水浸透，然后置两层粗滤纸中压干，吸去纸面上多余的水，再悬于空气中使水分缓缓蒸发至滤纸中含水量达到要求的限度，再点加样品溶液，即可色谱分离。操作时必须保证滤纸中含水量均匀一致，且前后两次操作中条件一致，这需要一定的操作经验。也可以采用另一种方法，即向水中加入一定量丙酮，混匀后，浸透滤纸，放于吸水纸中压干，置空气中片刻，任丙酮挥发，待滤纸刚好不显丙酮气味时，即可滴加样品进行色谱分离。通过控制丙酮和水的比例，就可以控制滤纸的含水量。如此操作既方便又容易得到含水量前后一致的滤纸，可以克服操作经验不足时所产生的误差。

非水性溶剂为固定液相系统，其滤纸一般多先用固定液相饱和后，再用展开剂展开。加固定液相到滤纸上的方法和前述加水到滤纸上的方法相同，同样要求均匀一致。对于难溶于水的极性化合物，应选择非水性极性溶剂。如甲酰胺、*N*,*N*-二甲基甲酰胺等作为固定相；以不能与固定相相混合的非极性溶剂，如环己烷、苯、甲苯、氯仿、四氯化碳等作为流动相。对于不溶于水的非极性化合物，应以非极性溶剂，如液体石蜡等作为固定相；以极性溶剂，如水、含水乙醇、含水的酸等作为流动相。

5.4 纸色谱操作技术

5.4.1 样品溶液的制备

液体样品可直接点样，固体样品可以用与展开剂相同或相近的溶液配制成溶液来点样。一般将固体样品配成1%（对每一成分而言）的溶液，可以是各种有机溶剂的溶液，也可以是水溶液，这要随样品的性质而定。一般情况下多选用有机溶剂来制备溶液，因为有机溶液加到纸上容易干燥。如果样品溶液太浓，经色谱分离后，在主要色点后面，可能会有拖尾现象。如果溶液浓度太低，则溶液滴在滤纸上扩散所占的面积也必然会扩大，如此色谱分离后色点会不集中，因此用量必须加大。

供色谱分离用的样品溶液中必须不含干扰色谱分离效果的杂质，如无机盐或离子化的杂质等，否则显著地影响到 R_f 值的准确性，并可能产生拖尾巴现象。因为离子是亲水性的物质，能够吸收水分，改变了溶剂系统中两相间原有的平衡，同时阴离子和阳离子在纸上移动的速度也不完全相等。除去这些杂质的方法很多，例如，混合树脂可以处理糖、苷、酯等，同时除去无机盐和一些有机杂质，并可借助其调整 pH 值，以减少酸、碱太强造成有效成分的水解（色谱纸在酸、碱作用下产生糖）。含酯类杂质的供试品应进行脱脂的预处理，例如，将样品溶液先流过氢离子型的阳离子交换树脂柱，使杂质中的阳离子被氢离子替代，然后再流经羟基型的阴离子交换树脂柱，溶液中的阴离子又被羟基取代，并与氢离子结合成水，如此离子化的杂质即可完全被除尽，但是应用此法的前提条件必须是供色谱分离的物质本身不与离子交换树脂反应。例如，生物碱盐类于溶液状态时能与阳离子树脂交换，而羧酸类则能与阴离子交换树脂反应，所以此法不适用。用有机溶剂从溶液中提取，也是使无机盐类与有机化合物分离的常用方法。如生物碱盐可用其盐基的有机溶剂的萃取液点样，以减少无机盐和水溶性杂质的干扰。例如，在水解碱类或多糖类中草药成分以研究它们的组成时，常用硫酸或盐酸为水解试剂，就可应用此法以除去干扰纸色谱分离效果的过量酸根离子。此外还可以应用沉淀法。例如，样品溶液含有硫酸，可加入氢氧化钡饱和水溶液或固体碳酸钡中和滤去生成的硫酸钡沉淀即可；溶液中如果含有盐酸则可加入氧化银使生成不溶解的氯化银沉淀而易于除去。

5.4.2 点样

可用毛细管、微量滴管、微量注射器或微量移液管点样。点样溶液浓度要适中，点要圆而集中，直径 0.2～0.3cm 为宜，点距在 2.5cm 以上。一般取 1～2μL 溶液（含 10～20μg 有效成分）点样，含多种成分的样品点样量可用 100～200μg。溶液中样品含量过高，超过了流动相的溶解度会影响分配的平衡作用，其结果造成拖尾和 R_f 值不稳定。溶液中样品含量过低，形成的色点模糊。应用稀溶液时为了克服这种不足，可以将样品分次加到滤纸上，每次加样后，要待完全干燥后（为加速干燥，可用电吹风机对滤纸点样点处送热风或于红外灯照射下操作），再在原点上重复点样直至达到所需用量时为止，以保持溶液在纸上的面积仍为直径 0.2～0.3cm 左右的圆点。点样时管尖不可触及滤纸，而只使露出管尖的半滴样液触及滤纸。

例如，取 10.5cm×50cm 的滤纸一张，在一端 3cm 处用铅笔划一直线称为起点线，在线上距一边 1.5cm 处划一点（起点），再每隔 2.5cm 处各划一点，然后用微量刻度的移液管或毛细管将欲色谱分离样品的溶液加到每一起点上，直径不大于 0.3cm，干燥后即可色谱分离。

在操作时必须将手洗干净，最好戴上干净的橡皮手套，因为手上如果沾有油脂或不洁物，则与滤纸接触后能影响到溶剂系统在纸上的展开，色谱分离不易得到良好效果。

点样操作对色谱分离效果的影响主要有两方面，即点样量和点样形状。根据操作经验，当使用制备纸色谱，点样量较大时，样品点成圆形，容易引起色谱斑点的拖尾，而使斑点之间不能完全分开，而点成线条形，即可很好地避免这一现象。

5.4.3 展开

一般纸色谱分离在密闭的、充满展开剂蒸气的展开室中进行，展开前常需在加有展开剂的展开室中放置滤纸衬里，展开剂沿衬里上升并挥发，在较短时间内使其中的展开剂蒸气达到饱和。然后将点好样的色谱纸放入，使点有样品的一端浸在展开剂中，但不可浸及样点，待展开剂前沿到达离色谱纸另一端 1.5cm 处，取出滤纸，计算 R_f 值。可供选用的展开室有多种，例如，市售圆形或长方形色谱缸、大号试管、培养皿、广口瓶和干燥器等。

纸上色谱的展开法可分为水平型和垂直型两大类。

(1) 水平型法　水平型法的主要特点是由于平面展开，展开速度较快，仪器简单方便。将滤纸片放在平面上使样品随溶剂系统在纸面上向四周展开，展开过程中溶剂前沿不断扩大，混合物色谱分离后可生成许多同心圆圈，分离效果良好，所得斑点较窄，层次清晰。

例如，取一个干燥器，将滤纸平夹其间，样品加在滤纸的圆心上，由干燥器上口塞中插入一长管滴液漏斗，其长管的下端烧成毛细管口，对准滤纸圆心。溶剂系统装在漏斗内，密闭活塞后，自漏斗中滴下溶剂系统，调节下滴的速度，约每分钟 10～12 滴。溶剂系统滴到纸上即可带动样品由圆心处成等距离向四周扩散。由于液油本身的重量，所以在纸上扩散比较快，通常情况下约需 15～30min，即能在纸上移动合适的距离，完成色谱分离的目的。

应该注意滴加溶剂系统不能太快，以免不能即时扩散，于滤纸中央有过多溶剂沉积，但是也不能滴加太慢，恰使第一滴扩散开后再滴入第二滴为宜，以保证色谱分离均匀一致。

进行水平型法必须保证纸面的水平，任何倾斜不正的现象，均足以影响色谱结果。操作时，溶剂系统中的水液层也可按上行或下行法将其装在器内，借以使饱和容器和滤纸内的空气。色谱分离后样品向外扩散，按 R_f 值大小成同心环，表示混合成分得到分离。这些同心环的直径一般不可能太大，所以溶剂系统在纸上移动的距离必须较短，因为同心环圆周面积愈靠外愈大，当微量成分扩散到外围时，面积太大，会使其宽度变狭，有时不易检出。

(2) 垂直型法　垂直型法又分为上行法、下行法。上行法和下行法都有单向和双向两种形式。

上行法是将待色谱分离的样品加在纸条的下端，样点距纸下端 2.5～3cm 处，待干燥后，将纸条的下端浸到溶剂系统内，溶剂系统的液面应在样品起点线下面至少 0.8cm 处，因滤纸纤维的毛细管现象，展开剂沿毛细管上行，带动样品点前进并逐步分离样品，展开距离一般为 15～20cm。一般可置于圆形或方形的密闭玻璃缸中进行，展开剂置于缸底，滤纸浸入展开剂部分约 1cm。上行法操作方便，是纸色谱中应用最广的一种方法，该法装置简单，操作方便，应用广。缺点是展开速度慢，分离效果不高，展开剂爬到一定距离之后，毛细作用力被重力部分抵消而上升速度减慢，易导致斑点扩散而不集中，所以对于 R_f 值低或分离时间需要比较长的样品不适用。

将滤纸浸到溶剂系统中时，必须保持滤纸与液面成垂直状态，不允许滤纸黏着器壁，或悬挂倾斜或滤纸弯曲，因为这样都将使溶剂系统在滤纸上展开的方向不正，以至慢慢地渗到滤纸边而停止了继续展开大大影响到色谱分离效果。加溶剂系统时必须注意，不能将溶剂加到滤纸上或溅起液滴到纸上。

使用大张滤纸的色谱分离时，使滤纸折成筒形用线或不锈钢丝钉住，竖立于培养皿内，密闭在大形玻璃缸中，加溶剂系统入培养皿内，即可色谱分离。当使用多张滤纸片同时色谱分离，可以在较大型的长方形的玻璃展缸中进行。

下行法是将带分离样品溶液加在滤纸条上部，并将纸上端浸入溶剂系统中，展开剂自上而下沿纸前进，可以使样品向下展开而移动，既有毛细作用，又有重力作用，展开较快，对于 R_f 值较小的或分子较大的组分的分离，效果优于上行法。其装置也有多种式样，一般选用实验室里的仪器加以改装就能适用，例如，溶剂槽可用普通表面皿、培养皿、长方形槽、玻璃船和普通长方形墨水缸等。

如果样品中某一成分的 R_f 值特别大，比其它成分移动快得多，则可使溶剂系统在纸上经较长时间的移动，进而通过纸片直接滴入接收瓶中，以洗出 R_f 值最大的成分，其它 R_f 值小的成分，仍留在纸片上，达到相互分离的效果。

上行和下行两种方法并无显著的优劣差别，只是上行法装置和操作比较简便，应用较广。同一物质在相同条件下，经上行或下行法色谱分离后所得的 R_f 值可能略有差异，因为下行法中溶剂系统在纸上的移动速度，除了决定于毛细管作用外，还有溶剂系统本身的重量，加快了在纸上向下流动的速度，与上行法是有区别的，所以报告某一物质的 R_f 值应该说明按照何种方法（上行或下行）操作的结果。

对于一般成分较为简单的样品单向展开即可以达到分离的目的。如果采用一种溶剂系统对样品进行色谱分离，有些成分较为复杂的样品中所含的多种成分不能或不易完全分开，经单向色谱分离后在一个色点中可能仍含有两个以上化合物时，可以采用纸上双向色谱法。

纸上双向色谱法是在同一张滤纸上对样品先后经过两种组成不同的溶剂系统进行双向色谱分离。具体操作：取方形滤纸，在其一角上点上欲分离的混合物样品溶液，待其干燥后，按照上行法（或下行法）先以一种溶剂系统沿一个方向，使样品在滤纸上展开移动，至溶剂系统达到滤纸前沿时，取出滤纸待溶剂全部挥发后，将滤纸完全干燥（不显色），此时混合物样品中含有的成分已在纸上移动，靠近纸边形成一连串斑点，每点还可能含有一个以上成分，然后将滤纸转动 90°，用另一溶剂系统再进行一次色谱分离，则经第一次色谱分离所得到的斑点成为起点又能分成多数斑点（某些成分在前一溶剂系统中的 R_f 值相似或相同，但在后一溶剂系统中则可能差异较大，只要先后应用的两种溶剂系统选择得当，就能够使样品混合物得到充分的分离），经显色后，混合物中的各种成分因经两种不同溶剂按相互垂直的方向色谱分离，等于进行了二次单向色谱分离，得到比较充分的分离。

在色谱分离过程中，因为纸边缘接触空间面积大，溶剂挥发较快，造成溶质的沉集，影响有效成分的正常分配。克服“边缘效应”的方法，将色谱纸未点样的一端用展开剂湿润（但不可接触点样处），用滤纸吸去附着在色谱纸上的展开剂，以免上行展开时产生展开剂的倒流而影响色谱分离结果。并在色谱缸内增挂用展开剂饱和的滤纸条，以增加缸中展开剂的蒸气密度，不仅可改善边缘效应，并能够缩短色谱分离时间。

不论什么样的装置，要想得到满意的色谱分离效果，在操作过程中都要注意使展开体系恒温、密闭和不受外界振动影响。

5.4.4 显色

经过色谱分离后的滤纸，如果样品中的化合物本身有颜色，就可以在纸上显出可见的色点，指示化合物在纸谱上的位置。但是多数化合物本身没有颜色，色谱分离后不能直接观察在纸上移动的情况，所以还需要显色，以制成色谱。

有些化合物在可见光下没有颜色，肉眼不能察见，但在紫外光线照射下能够显色或产生荧光。而有些化合物在可见光及紫外光下均不显色，但经与适当试剂反应后，生成物在紫外光下可以显色或具有荧光，也是纸谱显色的常用方法——紫外光显色法。

试剂显色是指供纸谱显色的试剂能与被分离的化合物在纸上进行化学反应，生成有色的化合物，但不与滤纸起反应，所以浓硝酸、浓硫酸等显色剂不适用于纸色谱。茚三酮溶液适于蛋白质、氨基酸及酞的显色；硝酸银氨溶液适合于糖类的显色；pH 指示剂适合于有机酸、碱的显色。有些显色反应所显出的颜色不太稳定，容易褪色，所以显色后应该立即记录，以免产生 R_f 值测量时的误差。

显色通常采用喷雾的方法，常以挥发性小的水或乙醇为溶剂。有时喷雾到纸上后使分离后的斑点继续扩散，改变色点的形状或位置，并造成纸背景的色度深浅不一致，降低了显色的清晰度，影响结果的判断。为此，有些情况下也可以将滤纸浸入显色剂内显色（浸渍法），使用挥发性大的丙酮作溶剂。例如，将生物碱展开后的色谱纸放入稀释 20 倍的稀碘化铋钾液中浸 4～5s，即可显色完全。蛋白质、氨基酸的色谱纸放入 0.01％的茚三酮溶液中数秒钟，取出用热风干燥显色。有机酸的色谱纸浸入 0.01％溴钾酚绿 pH＝5.6 的缓冲液中片刻即可显色完全。采用浸渍显色法使色谱纸背景色淡并均匀一致，增加了色点的清晰度，减少判断的误差；所用设备简单，操作方便，可节约时间和试剂；污染面小，可避免喷雾造成有害蒸气或烟雾的扩散；可使用挥发性大的溶剂，缩短显色时间和干燥过程。

显色反应的选择与化合物的分子结构有关，所以除了 R_f 值外，利用不同的显色反应，也是纸上色谱法鉴别未知物的主要内容之一。但是化合物的结构是多种多样的，能供使用的显色反应也会是多方面的。对于一些未知混合物色谱分离时的用量和颜色反应的选择，最好通过一些预试验。若是混合物中两种成分含量相差很多，就可以分为两次色谱分离，分别确定其 R_f 值，用少量样品以测出含量多的成分的 R_f 值，用多量样品以定出含量少的成分的 R_f 值。某些成分少至 1～2μg 就可以进行色谱分离，不过用量的多寡与显色反应的灵敏度有关系，若是显色试剂与化合物间反应的灵敏度很低，用量就需要加多，否则分离后在纸上不易找到色点的位置。

化合物在纸上经色谱分离后并经显色，所得出的斑点称为色点。在成功的色谱分离操作中，每一色点应代表或包括一种成分，它的形状应该是颜色集中的圆点，假若操作条件没有掌握得很好，所得的色点可能不是圆点，往往有拖尾、色点的延长或不集中等现象，造成这些现象的原因很多。例如，点加供色谱分离样品溶液的浓度、用量、原点的面积大小、能离子化杂质的干扰以及滤纸上含有的杂质等。此外就得考虑所选用溶剂系统的组成和性质是否合适。有时溶剂、滤纸和样品的 pH 值都能影响到色谱分离后色点的形状。

普通滤纸中多含有痕迹量的铜离子，某些化合物，如氨基酸在此种滤纸上色谱分离的过程中，一部分能与铜离子络合为复合物改变了原有的性质，因而一个化合物在纸谱上可能出现两个色点（另一点为含铜的复合物）。因此在具体操作中要重视各种条件，以免产生误差或得出不正确的结果。

5.4.5 R_f 值的测量

展开到一定距离之后，即把滤纸从展开剂中取出，应立即标记好溶剂系统在纸上移动的前沿和化合物在滤纸上的位置（如果化合物无颜色，需经显色处理，显示出化合物的色点），作为测量各斑点 R_f 值的基准。滤纸在晾干过程中溶剂继续渗透的一段距离不应计算在内。滤纸的干燥一般悬挂在空气中任其自然晾干，如展开剂气味较大时，可放在通风橱内风干。应注意在干燥过程中不要污染滤纸。

物质被分离后，在谱图上的位置是用比移值 R_f(ratio to front) 来表示的。计算公式为：$R_f=x/y$，其中 x 表示溶质所走的距离，y 代表溶剂所走的距离。用尺子量出溶剂系统及化合物在纸上移动的距离，按公式即可计算出 R_f 值。测定 R_f 值一般应从圆形色点的中心，假若色点不够集中，顶端色深，应由色点上端算起，即色点颜色最深的地方计算。R_f 值与化合物结构、纸的质量、温度、展开剂等因素有关，若滤纸、温度、展开剂等实验条件相同，R_f 值应是化合物的特性常数。但由于影响 R_f 值的因素较多难以准确测定，故一般采取在相同实验条件下用标准试样作对比实验来进行化合物的鉴定，即把未知混合物试样和已知的标准试样点加到同一条色谱纸上进行展开。

以多数化合物而言，一般以 10～30μg 即能给予清晰的色点，普通最高的限度不超过 60μg。假若混合物包括十种成分，加到纸上的总量即不多于 600μg，因为用量太多，经分离和显色后的色点，所占面积也大，计算出的 R_f 值会有明显的误差，如果其中有两种成分的 R_f 值近似，由于色点占面积过大可能相互连结而分离不清。

5.4.6 色谱分离后斑点的剪洗技术

利用纸上色谱法定量或鉴别未知物，如果不能仅由 R_f 值作出决定时，可以将化合物的斑点自滤纸上剪下，洗出化合物，供进一步试验。剪洗的技术普通有两种。当单向色谱分离时，可以在一张较大的滤纸上点加多个样品点作为起点，色谱分离后，自其中剪下一条，经过显色定出化合物在纸谱中的位置，借以指示未显色部分纸谱上斑点的位置，小心剪下各斑点. 并剪成细小的碎片，用合适的溶剂从其中提取出化合物，浓缩溶液供进一步检识鉴定之用。对于双向纸上色谱，为了能够进行精确的剪洗，可在完全相同的条件下，同时作出二张完全相同的双相纸谱，一张经过显色使与另一张重合，按照显色那张纸谱上化合物的斑点，将另外一张纸谱上同一位置的斑点剪下进行洗脱。

5.5 纸色谱的应用实例

【实例1】 赖氨酸、苯丙氨酸和脯氨酸等混合物的纸色谱分离

（1）试样及展开剂

① 试样 A样品（2%苯丙氨酸水溶液）；B样品（氨基酸混合物溶液，将赖氨酸、苯丙氨酸、脯氨酸各0.12g溶于100mL蒸馏水中）。

② 展开剂 用正丁醇、冰醋酸和水按体积比为4∶1∶5混合。

③ 显色剂 0.11%水合茚三酮的丙酮溶液。

（2）点样 取一条用展开剂蒸气饱和过的色谱纸（约16cm×3cm）置于一张洁净的白纸上，在纸条下端约2～3cm处，用铅笔画一横线，并在横线上作出两个点样位置记号1、2，然后分别将A、B样品点在1、2处。

点样时，用吸有少量样品的毛细管轻轻地和色谱纸接触一下，使样品的斑点直径在0.2～0.3cm之间，待样点风干后，再复点一次。

（3）展开 采用悬挂式纸色谱法，展开方式为上行法。待样品斑点风干后，用铅笔在纸条上方捅一小孔，挂在色谱桶盖的钩上，然后把它垂直地放入盛有展开剂的色谱桶内，并使色谱纸下端边缘浸入展开剂液面下约1cm处，注意样品斑点必须在展开剂液面之上，切勿浸入展开剂中。将色谱桶盖盖好，观察展开剂借色谱纸的毛细作用，而向上移动的情况，当展开剂从点样中心起上升6～7cm时，取出色谱纸，用铅笔画出溶剂前沿位置。

（4）显色 用喷雾器在滤纸上均匀地喷上水合茚三酮试剂，再将色谱纸置105～110℃的烘箱中烘干，直至出现有色图谱为止，并用铅笔画出图谱形状，并记下斑点颜色及颜色深浅，颜色愈深，说明该组分浓度愈大。三种氨基酸与水合茚三酮反应呈现的颜色分别为赖氨酸呈蓝紫色、脯氨酸显黄色、苯丙氨酸显紫蓝色。

（5）计算 R_f 用尺子依次测出点样中心到斑点中心的距离，点样中心到溶剂前沿的距离，计算出 R_f。

【实例2】 L-亮氨酸和L-缬氨酸的纸色谱法分离

（1）试样及展开剂

① 试样　氨基酸标准液（5μg/μL 标准 L-亮氨酸、5μg/μL 标准 L-标准缬氨酸）；待测样品（L-亮氨酸发酵液）。

② 展开剂　$v_{正丁醇}:v_{冰醋酸}:v_{水}=4:1:5$。

③ 显色剂　5g/L 茚三酮-丙酮溶液。

(2) 点样　用微量可调取样器将氨基酸标准液或已处理好的待测样品，对应点在色谱滤纸（30cm 长、20cm 宽的新华 3 号滤纸，注意使滤纸的纤维方向与短边一致）的相应点样点上，自然晾干或用电吹风吹干。每次点样量为 4μL，可多次点样，点样斑点直径控制在 4mm 内。

(3) 展开　实验用单向上行展开。将点好样的滤纸卷成圆筒状，缝好后置于装有展开剂约 115cm 深的色谱缸内，平衡 1h 后放下滤纸，让展开剂前沿上行至距离滤纸顶端 2cm 时取出滤纸，置于通风橱内风干。L-亮氨酸和 L-缬氨酸的分离效果最好。

(4) 显色及计算 R_f 值　用喷雾器将色谱区均匀喷上显色剂，于 100℃恒温干燥箱内显色 10min。通过与标准 L-亮氨酸和 L-缬氨酸色斑的 R_f 值进行比较，确定 L-亮氨酸和 L-缬氨酸的位置。

【实例 3】 纸色谱定性测定海藻糖

(1) 试样及展开剂

① 试样　浓度为 1%的海藻糖标准液；1%海藻糖和 0.7%的葡萄糖混合液标样；待测样品（面包酵母 BY-11 发酵上清液）。

② 展开剂　$v_{正丁醇}:v_{丙酮}:v_{水}:v_{醋酸}=10:3:6:2$。

③ 显色剂　A 液：$AgNO_3$ 的水-丙酮饱和溶液，$v_{水}:v_{丙酮}=1:200$；

B 液：1g NaOH 溶于 100g 醇-水溶液，$m_{乙醇}:m_{水}=1:1$。

(2) 点样　用两种标样的溶液和待测液分别在滤纸条上点上点，用同一待测液样品（100μg）点两个点，其中一个点为参照点，另一为定量测量点。

(3) 展开　实验用单向上行展开。将点样后的滤纸条在展开剂内展开后，取出风干。

(4) 显色　将晾干的滤纸从中间剪开。带参照点的一半喷雾显色，以确定海藻糖斑点的准确位置。

(5) 样品洗脱　将另一半滤纸条上与显色的斑点对应的部分剪下并剪成碎片，放于 5mL 洗脱剂（0.1mol/L HCl）中室温洗脱，每隔 15min 摇

1 次，洗脱 16h。

（6）含量测定　洗脱后上清液用硫酸-蒽酮法测定其中海藻糖含量（同时用同面积的未点样的滤纸作为对照）。

【实例 4】 纸色谱法定量检测麦芽糖基 β-环状糊精

（1）试样、展开剂及显色剂

① 试样　25mg/mL 的麦芽糖基 β-环状糊精标样；25mg/mL 的麦芽糖基 β-环状糊精和 25mg/mL 的 β-环状糊精的混合样；麦芽糖基 β-环状糊精粗品。

② 展开剂　$v_{正丙醇}:v_{正丁醇}:v_{水}=5:3:4$。

③ 显色剂　0.5g/dL 碘-丙酮溶液，用时现配。

（2）点样　在滤纸条上分别用 6μL 样品和标准样品点两个点，其中标准样品点作为参照点，另一个为定量测量点。

（3）展开　实验用单向下行展开。将点样后的滤纸条在展开剂内展开后，取出热风吹干。

（4）显色　将晾干的滤纸从中间剪开，带参照点的一半喷雾显色，以确定麦芽糖基 β-环状糊精斑点的准确位置。

（5）洗脱　将另一半滤纸条上与显色的斑点对应的部分剪下并剪成碎片，放于 5mL 洗脱剂（0.1mol/L HCl）中室温洗脱，洗脱 14h 将色谱纸上的已分离的麦芽糖基 β-环状糊精完全洗脱下来。

（6）含量测定　洗脱后用硫酸-苯酚法测定其中的麦芽糖基 β-环状糊精含量。

【实例 5】 大豆异黄酮的双向纸色谱

（1）试样、展开剂及显色剂

① 试样　样品（称取均匀豆粕粉 10g，采取索氏提取法用甲醇提取 2h，过滤，浓缩定容至 10mL）；标准溶液（大豆素、染料木素、大豆素-7-葡萄糖苷的浓度均配制为 0.1%）。

② 展开剂　第一展开剂 $v_{正丁醇}:v_{冰醋酸}:v_{水}=4:1:1$(TBA)；第二展开剂 15%醋酸（HOAc）。

③ 显色剂　氨水。

（2）点样　取上述样液 1.00mL，将其点于滤纸右下角距色谱纸两边距离各 10cm 处，反复点样，吹干，使其在 360nm 条件下呈直径为 2～

4cm 的斑点。取标准液按 1∶1∶1 混合，取混合后的标准液 1.00mL，反复点样，吹干，操作步骤同上。

(3) 展开　将分别点好样品和标准液的色谱纸同时放入盛有第一展开剂的色谱缸（长×宽×高＝30cm×20cm×30cm）中，采用上行法，使样品斑点与展开剂液面相距 5cm 左右。盖好色谱缸，并查验是否漏气。当展开剂的前沿上行至距纸边约 10cm 左右时，取出色谱纸晾干。将风干的色谱纸旋转 90°放入盛第二展开剂的色谱缸中，方法同上。

(4) 显色　将上述双向色谱纸风干后，在氨气中熏 2h，然后在紫外灯下观察其斑点颜色。

(5) 双向纸色谱谱图分析　根据图谱中的斑点，计算出双向色谱的比移值 R_f。将样品纸色谱谱图与标准品谱图的比移值 R_f 比较，再根据谱图斑点的颜色可判断，豆粕中的黄酮基本是由大豆素、染料木素、双氢黄酮醇及其相应的衍生物组成。将上述样液进行 LC-MS 色谱分析可进一步验证双向纸色谱的结果。

【实例 6】 胶束纸色谱法分离 *α*-萘酚、*β*-萘酚

(1) 试样、展开剂及显色剂

① 试样　样品（α-萘酚和 β-萘酚的混合物的丙酮溶液），标准溶液（α-萘酚、β-萘酚的丙酮溶液），浓度均配制为 12mg/mL。

② 展开剂　溴化十六烷基三甲铵（CTAB）水溶液（浓度为 0.075mol/L，加入体积分数 5％的有机添加剂正丙醇）。

③ 显色剂　0.1％ $FeCl_3$ 溶液，1％ NaOH 溶液。

(2) 展开　用浓度为 0.075mol/L 的 CTAB 水溶液（加入体积分数 5％的有机添加剂正丙醇）作展开剂，滤纸切割成 2.5cm×20cm 的纸条，毛细管点样，展开前色谱缸密闭，以展开剂蒸气饱和 1h，然后在色谱缸中用上行法展开约 15cm。

(3) 显色　将上述色谱纸风干后，喷过 0.1％ $FeCl_3$ 后，再喷洒 1％ NaOH 溶液，以便得到更清晰的斑点，α-萘酚、β-萘酚分别呈蓝紫色和紫色。

(4) R_f 值的计算　分离后 α-萘酚、β-萘酚两种酚的 R_f 值分别为 0.79 和 0.32。

参考文献

[1] 柴田村治，守田喜久雄著．纸色谱法及其应用．王敬尊译．北京：科学出版社，1978.

[2] 林启寿．纸上色谱及其在中草药成分分析的应用．北京：科学出版社，1983.

[3] 高英立．开展层析纸的一些体会和改进．海军医学，1986，4，37.

[4] 毛志翔．圆形纸层析法．化学通报，1964，(6)，369.

[5] 傅力明，张爱萍，温宝珍．氨基酸在纸层析中的分离．山西医科大学学报，1998，29 (4)：384.

[6] 余炜，伍时华，廖兰，王恒山．纸色谱法分离发酵液中L-亮氨酸的研究．广西工学院学报，2003，14，59.

[7] 王兰，肖冬光．纸层析分离洗脱法定量测定海藻糖．生物技术，2002，12，27.

[8] 崔波，金征宇．纸层析法可以用于样品中麦芽糖基β-环状糊精的定量检测．食品与生物技术学报，2005，24，88.

[9] 彭义交，刘宗林．大豆异黄酮双向纸层析分析方法的研究．食品科学，2004，25 (4)：141.

[10] 傅正生，王金奎，古丽，王昭明，孙兰萍．胶束纸色谱法分离酚类物质．西北师范大学学报，1991：27，31.

[11] 傅正生，王晓峰．二苯甲醇类结构异构体的胶束纸色谱法分离及其色谱行为．色谱，1998，16：68.

第 6 章　柱色谱分离技术

色谱法（chromatography）又称色层分析法，是 1903～1906 年由俄国植物学家 M. Tswett 首先系统提出来的。他将叶绿素的石油醚溶液通过 $CaCO_3$ 管柱，并继续以石油醚淋洗，由于 $CaCO_3$ 对叶绿素中各种色素的吸附能力不同，色素被逐渐分离，在管柱中出现了不同颜色的谱带或称色谱图（chromatogram）。当时这种方法并没引起人们的足够注意，直到 1931 年将该方法应用到分离复杂的有机混合物，人们才发现了它的广泛用途。随着科学技术的发展以及生产实践的需要，色谱技术也得到了迅速的发展。如今的色层分析法经常用于分离无色的物质，已没有颜色这个特殊的含义。但色谱法或色层分析法这个名字仍保留下来沿用。

色谱法是一种基于被分离物质的物理、化学及生物学特性的不同，使它们在某种基质中移动速度不同而进行分离和分析的方法。例如：我们利用物质在溶解度、吸附能力、立体化学特性及分子的大小、带电情况及离子交换、亲和力的大小及特异的生物学反应等方面的差异，使其在流动相与固定相之间的分配系数（或称分配常数）不同，达到彼此分离的目的。

分离纯化是有机合成中极其重要的一步，由于某些目标化合物合成困难或原材料难得等原因，所合成得到的产物数量少，通常其纯度亦较低，故传统的萃取、精馏、重结晶等纯化方法难以发挥其优势。尽管高效（压）液相制备色谱能满足有机合成中化合物分离纯化的要求，但由于其仪器设备昂贵，同时，使用过程中耗费大，目前难以在一般实验室普及使用。现在，薄层色谱已经成为分离和纯化混合物的不可少的工具。然而此法也有明显的不足之处，因为它只能分离微克或毫克量的样品。鉴于以上原因，柱色谱技术则成为有机合成中一种极其重要的分离纯化手段。柱色谱分离与薄层色谱类似，是靠洗脱剂把分离的各组分逐个洗脱下来的过程，故也称洗脱色谱。利用欲分离的混合物中各组分分配在固定相和洗脱剂之间，被吸附、分配、交换的性质不同，而相互得以分离。化合物被吸附、分配、交换的这种作用越强，该化合物溶解在洗脱剂中越少，沿洗脱剂移动的距离则越小，反之，则越多。

由于色谱柱填充的吸附剂的量远远大于薄层板，因而柱色谱可用于分离量比较大（克数量级）的物质（薄层制备色谱分离量一般在毫克数量级）。所以作为较大量制备分离，柱色谱优于薄层色谱。

在柱色谱分离过程中，一般利用薄层色谱摸索柱色谱的分离条件；利用薄层色谱鉴定、分析和分段收集洗脱出的洗脱液中的成分。

根据分离的原理不同分类，色谱主要可以分为吸附色谱、分配色谱、凝胶过滤色谱、离子交换色谱、亲和色谱等。吸附色谱是以吸附剂为固定相，根据待分离物与吸附剂之间吸附力不同而达到分离目的的一种色谱技术。分配色谱是根据在一个有两相同时存在的溶剂系统中，不同物质的分配系数不同而达到分离目的的一种色谱技术。凝胶过滤色谱是以具有网状结构的凝胶颗粒作为固定相，根据物质的分子大小进行分离的一种色谱技术。离子交换色谱是以离子交换剂为固定相，根据物质的带电性质不同而进行分离的一种色谱技术。亲和色谱是根据生物大分子和配体之间的特异性亲和力（如酶和抑制剂、抗体和抗原、激素和受体等），将某种配体连接在载体上作为固定相，而对能与配体特异性结合的生物大分子进行分离的一种色谱技术。亲和色谱是分离生物大分子最为有效的色谱技术，具有很高分辨率。

根据柱色谱所用固定相的极性可分为反相色谱和正相色谱。正相色谱是指固定相的极性高于流动相的极性，因此，在这种色谱分离过程中非极性分子或极性小的分子比极性大的分子移动的速度快，先从柱中流出来。反相色谱是指固定相的极性低于流动相的极性，在这种色谱分离过程中，极性大的分子比极性小的分子移动的速度快而先从柱中流出。一般来说，分离纯化极性大的分子（带电离子等）采用正相色谱（或正相柱），而分离纯化极性小的有机分子（有机酸、醇、酚等）多采用反相色谱（或反相柱）。

根据柱色谱洗脱方式可分为常压柱色谱、加压柱色谱和减压柱色谱三种。

6.1 常压柱色谱分离技术

常压柱色谱是洗脱剂依靠重力将样品混合物中各组分依次洗脱下来。加压柱色谱是洗脱剂在加于柱顶的压力作用下快速分离混合物，该方法快速且有相当的分离效果。减压柱色谱是利用泵，如普通水泵、循环水泵等抽气降低吸滤瓶中的压力，洗脱剂借助外界大气压快速将样品中各组分依次洗脱下来，可达到理想的分离效果。

6.1.1 分离条件的选择

6.1.1.1 固定相

固定相是色谱的一个基质。它可以是固体物质（如吸附剂、凝胶、离子交换剂等），也可以是液体物质（如固定在硅胶或纤维素上的溶液），这些基质能与待分离的化合物进行可逆的吸附、溶解、交换等作用。它对色谱的效果起着关键的作用。柱色谱所用吸附固定相一般为硅胶、氧化铝（或其他固体吸附剂），粒度要求100～160目或160目以上。吸附剂粒度越小，分离度越大，但洗脱速度越慢。R_f 值相差较大时，应用硅胶100～160目，可上样30mg/g（即分离3g样品需要100g硅胶），更多的情况下可上样10mg/g。应用氧化铝时，粒度要求100～150目，可上样1g/20g～1g /50g。

6.1.1.2 流动相

在色谱过程中，推动固定相上待分离的物质朝着一个方向移动的液体、气体或超临界体等，都称为流动相。柱色谱中一般称为洗脱剂，薄层色谱时称为展层剂。它也是色谱分离中的重要影响因素之一。

选择适当的洗脱剂是柱色谱的首要任务，洗脱剂的选择应以TLC检测为依据。被分离物质的最佳 R_f 值应在0.2～0.5内，被分离的2个点之间 ΔR_f 值应尽可能大，越大越好，最小应不小于0.1，否则分离效果差或难以分离。洗脱剂的选择主要根据样品的极性、溶解度和吸附剂的活性等因素来考虑。当然是最便宜、最安全、最环保的是最理想的了。一般根据文献中报道的该类化合物用什么样的展开剂，就首先尝试使用该类洗脱剂，然后不断尝试洗脱剂的比例，直到找到一个分离效果好的洗脱剂。洗脱剂的选择条件：对所分离成分有良好的溶解性；可使待分离成分间分开；待分离组分的 R_f 在 0.2～0.8 之间；不与待分离组分或吸附剂发生化学反应；沸点适中，黏度较小。

溶剂的洗脱能力，有时可以用溶剂的介电常数（ε）来表示。介电常数高，洗脱能力就大，但这仅适用于极性吸附剂，如硅胶、氧化铝。对非极性吸附剂，如活性炭，则正好与上述顺序相反，在水或亲水性溶剂中所形成的吸附作用，较在脂溶性溶剂中为强。

一般常用的强极性溶剂洗脱能力：甲醇＞乙醇＞异丙醇；中等极性溶剂洗脱能力：乙腈＞乙酸乙酯＞氯仿＞二氯甲烷＞乙醚＞甲苯。非极性溶剂有环己烷、石油醚、己烷、戊烷。

使用单一溶剂，有时不能达到很好的分离效果，往往使用混合溶剂。很多时候，洗脱剂的选择要靠不断变换洗脱剂的组成来达到最佳效果。通常使用一个高极性和低极性溶剂组成的混合溶剂，高极性的溶剂有增加区分度的作用。一般把两种溶剂混合时，采用高极性/低极性的体积比为 1/3 的混合溶剂，如果有分开的迹象，再调整比例（或者加入第三种溶剂），达到最佳效果；如果没有分开的迹象（斑点较“拖”），最好是换溶剂。洗脱剂中比例较大的溶剂应该极性相对较小，起溶解物质和基本分离的作用，一般称为底剂。洗脱剂中比例较小的溶剂，极性应该较大，对被分离物质有较强的洗脱能力，可以增大 R_f 值，但不能提高分辨率，也称为极性调节剂。洗脱剂中加入少量酸、碱，可抑制某些酸、碱性物质或其盐类的解离而产生拖尾，称为拖尾抑制剂。洗脱剂中加入丙酮等中等极性溶剂，可促进不相混合的溶剂混溶，并可降低洗脱剂的黏度，加快洗脱速度。

常用混合溶剂：乙酸乙酯-己烷（常用浓度 0～30%），乙醚-戊烷（浓度为 0～40%），乙醇-己烷或戊烷（对强极性化合物，常用浓度 5%～30%比较合适），二氯甲烷-己烷或戊烷（常用浓度 5%～30%）。其他溶剂组合有：石油醚-乙酸乙酯，石油醚-丙酮，石油醚-乙醚，石油醚-二氯甲烷，乙酸乙酯-甲醇，氯仿-乙酸乙酯。

例如，适合于生物碱、黄酮、萜类等的分离的弱极性溶剂体系的基本两相由正己烷和水组成，可根据需要加入甲醇、乙醇、乙酸乙酯来调节溶剂系统的极性，以达到好的分离效果；适合于蒽醌、香豆素，以及一些极性较大的木脂素和萜类的分离的中等极性的溶剂体系由氯仿和水基本两相组成，可通过加入甲醇、乙醇、乙酸乙酯等来调节溶剂系统的极性；适合于极性很大的生物碱类化合物的分离用的强极性溶剂，由正丁醇和水组成，也靠甲醇、乙醇、乙酸乙酯等来调节溶剂系统的极性。

有时可以找到一种单一溶剂，用它便可分离一个混合物中的所有组分。有时也可以找到一种能使分离得以实现的混合溶剂。但更经常的是，必须先用一种非极性溶剂开始洗脱，把相对非极性的化合物从柱中除去，然后渐渐增大溶剂极性以促使极性较大的化合物从柱中流出或洗脱。当使用这种实验操作时，各类化合物被洗脱的大致次序如下所示。

被洗脱物　烃、烯烃、醚、卤代烃、芳香族化合物、酮、醛、酸、酯、醇、胺、酰胺、酸或强碱

溶剂极性 ——————————————→

非极性　　　　　　　　　　　　强极性

洗脱次序 ——————————————→

最快　　　　　　　　　　　　最慢

对于在硅胶中这种酸性物质上易分解的物质，在展开剂里往往加少量三乙胺、氨水、吡啶等碱性物质来中和硅胶的酸性（选择所添加的碱性物质，还必须考虑容易从产品中除去，氨水无疑是较好的选择）。分离效果的好坏和所用硅胶和溶剂的质量也有关系，不同厂家生产的硅胶可能含水量以及颗粒的粗细程度，酸性强弱不同，从而导致产品在某个厂家的硅胶中分离效果很好，但在另一个厂家的就不行。溶剂的含水量和杂质含量对分离效果都有明显的影响。温度、湿度对分离效果影响也很明显，有时同一展开条件，上下午的 R_f 截然不同。混合溶剂最好新鲜配制。

6.1.2 色谱柱的制备

玻璃色谱柱在用前洗净，干燥。柱子底铺一层玻璃丝或者脱脂棉（有砂芯者可不用），然后放一层（0.5～1cm）海砂（也称石英砂）。色谱柱的大小，取决于被分离样品的量和吸附剂的性质，要根据实际应用而定。柱子长了，相应的塔板数就高。柱子粗了，上样后样品的原点就小（反映在柱子上就是样品层比较薄），这样相对地减小了分离的难度。柱子径高比一般在 1∶(5～10)，硅胶量是样品量的 30～40 倍。具体的选择要具体

分析，如果所需组分和杂质分得比较开（是指所需组分 R_f 在 0.2～0.4，杂质相差 0.1 以上），就可以少用硅胶，用小柱子（例如 200mg 的样品，用 2cm×20cm 的柱子）；如果相差不到 0.1，就要加大柱子，可以增加柱子的直径，比如用 3cm 的，也可以减小洗脱剂的极性等。为了能使一定数量的样品达到良好分离，应正确地选定柱尺寸和吸附剂的数量。

柱子在充填时必须装得非常均匀，绝不可装得不整齐、出现空气泡、存在隙缝等。因为一个化合物沿着柱子下行时，谱带中每一谱带的最前面的边缘或称前沿应是水平的，或者说应是垂直于柱的长轴的。如果两条谱带紧靠在一起而又无水平的谱带前沿，那么要收集每一谱带而把另一谱带排除在外是不可能做到的，第二条谱带的最前面的边缘在第一条谱带洗脱完毕之前就将开始洗脱出来了。造成这个问题的因素有：如果吸附剂填充料的顶面不呈水平，将会造成非水平的谱带；如果柱子未被夹持在两个平面中（即前—后，左—右两个平面）完全垂直的位置，同样会造成非水平的谱带。另外，还会发生一种现象，那就是谱带前沿的一部分从谱带的主体部分中向前伸出，此时发生的现象称为沟流，在装柱时吸附剂表面如有任何不平整性，或如果在填充料中有任何不平整性或有空气泡，会形成沟槽或空气隙缝，于是正在柱前推进的前沿的一部分就利用这种沟槽越过其他部分而超前了，就会发生这种现象，那么要收集每一谱带而把另一谱带排除在外也是不可能做到的。

首先，用夹子将色谱柱垂直地夹住，接着，用溶剂将色谱柱注满一部分，通常所用的溶剂是已烷之类的非极性溶剂。然后用一根长玻璃棒将一团塞子状松松的玻璃毛（或脱脂棉）推入柱底，加以捣实，直至所有埋伏在毛塞中的空气都呈气泡被逼出。注意勿将玻璃毛捣得过于密实，这样会使柱子完全堵塞。向柱内倾入洁净的海砂使其在玻璃毛的顶部形成一薄层，轻轻叩击柱子，使海砂表面呈水平，任何黏附在柱壁上的砂都需用少量溶剂洗下，这些砂形成支撑吸附剂柱的底基并将阻止吸附剂在洗涤时从活塞中穿出。然后，最好用下列“干装法”或“浆液法”之一装柱。

干法装柱是在柱子上端放一漏斗，直接加入硅胶。轻轻敲打色谱柱，或上下振动色谱柱，使填装均匀，再加一层海砂，但还须用洗脱剂或非极性溶剂将硅胶床内的空气尽量置换掉，才能用于色谱分离。洗脱剂或非极性溶剂要小心沿柱壁慢慢加入柱内（不能扰动硅胶层），使硅胶润湿（溶剂化)。必要时加压或减压以除去气泡，加速溶剂化速度。

浆液法装柱是将吸附剂硅胶与一定量溶剂调成悬浆状，快速倒入柱管中，打开活塞，使溶剂慢慢流出，吸附剂慢慢下降而均匀沉入色谱柱底。吸附剂填料完毕，一般在上面再覆盖 0.5cm 厚的海砂。吸附剂表面加入海砂的目的是使加洗脱剂时不至把吸附剂冲起，影响分离效果。若无海砂，也可用玻璃纤维。

6.1.3 样品的制备与上样

被分离混合物为液体时，将其中极性溶剂尽可能用旋转蒸发仪除去后，加入少许流动相稀释。将吸附剂上面的多余洗脱剂放出，直到柱内液体表面与石英砂平面相齐时，停止放出洗脱剂。将样品溶液用滴管或漏斗沿柱子内壁直接加入柱中。样品稀释要尽可能用少的洗脱剂，然后用最少量洗脱剂洗涤器皿与色谱柱内壁，洗涤完毕，开放活塞，使液体渐渐放出，液面再次下降至石英砂面时，停止放出洗脱剂。再加少量的低极性溶剂，然后再打开活塞，如此两三次，一般石英砂就基本是白色的了，开始加入流动相洗脱。

在柱色谱操作时，被分离样品在加样时可采用干法，亦可选一适宜的溶剂将样品溶解后加入。被分离混合物样品为极性较小的固体时，尽可能使其溶于流动相后上柱。但应注意，样品在流动相中的溶解度一般较小。如果样品体积太大，分辨能力就会降低。另一方面，如果样品浓度过浓，就可能在柱顶部形成沉淀。可选择极性较小的溶剂溶解样品后上柱，以便被分离的成分可以被吸附。极性小的溶剂一般指在溶剂极性顺序中，极性小于 CH_2Cl_2 的溶剂，可选用的溶剂有 CH_2Cl_2、CCl_4、甲苯、环己烷、石油醚等。溶剂极性不能比洗脱剂极性大得太多，否则将影响色谱行为和分离效果或分不开。另外溶剂量不能太多，以近饱和为宜。

被分离混合物样品为难溶性固体时，可选择极性大的溶剂溶解。如氯仿、丙酮、乙醇、甲醇、四氢呋喃、吡啶，应避免用 DMSO、DMF 等沸点较高溶剂。再加入适量的硅胶于溶剂中［样品和硅胶的量按 1∶(1～5)］，用旋转蒸发仪减压蒸去溶剂至干，让样品均匀地涂布在固定相表面上，在旋干后，不能看到明显的固体颗粒（那说明有的样品没有吸附在硅胶上）。旋转蒸发时，一定要加防爆球，并在防爆球口塞入一些棉花，以防样品硅胶暴沸。加样时应缓慢小心地通过漏斗将样品装于柱子上端固定相表面，尽量避免冲击固定相，以保持固定相表面平坦。

6.1.4 洗脱与分离操作技术

洗脱条件的选择，也是影响柱色谱效果的重要因素。当对所分离的混合物的性质了解较少时，只有多次试验才能得到最佳的洗脱条件。应注意洗脱时的速度，速度太快，各组分在固液两相中平衡时间短，相互分不开，仍以混合组分流出。速度太慢，将增大物质的扩散，同样达不到理想的分离效果。还应强调的一点是，在整个洗脱过程中，千万不能干柱，否则分离纯化将会前功尽弃。

当选定好洗脱液后，洗脱的方式可分为简单洗脱、分步洗脱和梯度洗脱三种。

(1) 简单洗脱　柱子始终用同样的一种溶剂洗脱，直到色谱分离过程结束为止。如果固定相对被分离物质的吸附差异不大，其区带的洗脱时间间隔（或洗脱体积间隔）也不长，采用这种方法是适宜的。但选择的溶剂必须很合适方能使各组分的分配系数较大。否则应采用下面的方法。

(2) 分步洗脱　这种方法按照洗脱能力递增顺序排列的几种洗脱液，进行逐级洗脱。它主要对混合物组成简单、各组分性质差异较大或需快速分离时适用。每次用一种洗脱液将其中一种组分快速洗脱下来。

(3) 梯度洗脱　当混合物中组分复杂且性质差异较小时，一般采用梯度洗脱。它的洗脱能力是逐步连续增加的，梯度可以指浓度、极性、离子强度或 pH 值等。最常用的是极性梯度。在柱色谱分离过程中，若拟改变洗脱溶剂的极性，要逐渐增大溶剂的极性，这种极性的增大是一个十分缓慢的过程，使吸附在色谱柱上的各个成分逐个被洗脱。如果极性增大过快（梯度太大），就不能获得满意的分离。要采取一些预防措施，避免迅速从一种溶剂换成另一种溶剂（尤其是当使用硅胶或氧化铝时）。通常，应将新溶剂以小百分率慢慢混入正在使用的那种溶剂中，直至百分率提高到所需要的水平。如不这样做，柱内填充料往往会出现“隙缝”。隙缝之所以发生是由于氧化铝或硅胶与溶剂混合时放热所致，溶剂将吸附剂溶剂化，从而形成一种弱键而放出热量。往往能在局部地方生成足能使溶剂蒸发的热量，蒸气的产生造成了气泡，气泡又把柱内填充料挤开，这就是所谓的

“隙缝”。有“隙缝”的柱子是起不了良好分离作用的，因为柱的填充料（吸附剂）内有不连贯之处。

溶剂本身倾向于吸附在氧化铝或硅胶上这个事实对于化合物沿柱往下移动是个重要因素。如果溶剂的极性大于化合物，溶剂即能取代吸附在柱上的化合物，因此可使化合物沿柱向下移动。这样，极性较强的溶剂不但溶解较多的化合物，而且有将化合物从其吸附在氧化铝或硅胶上的部位中取代出来的功效。

溶剂流经柱子的速率对于分离效率也起着作用，一般来说，需待分离的混合物在柱上逗留愈久，其在固定相和移动相之间的平衡愈广泛，可使较为相似的化合物最终得到分离。待分离的化合物在柱上的逗留时间取决于溶剂的流速。然而，若流速过慢，则混合物中各个物质到了溶剂中后其在溶剂中的扩散速率可能变得大于这些物质沿柱下行的速率，在这种情况下，谱带将变得宽起来，而且扩散也更厉害了，从而使分离变成较差了。

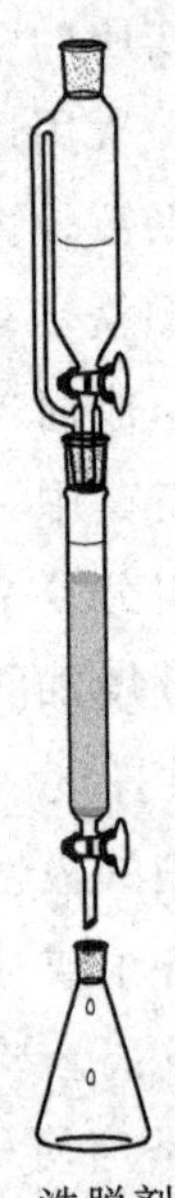

图 6-1　洗脱剂的加入

洗脱剂应不断加入，保持一定高度，可在柱上口加一盛有洗脱剂的恒压滴液漏斗滴加洗脱剂（如图 6-1），以免流干。控制洗脱液流出速度，不能太快，太快柱中交换来不及平衡，从而影响分离效果。一般以 1～2 滴/s 为宜。

洗脱液采用等份法收集，例如5mL、10mL、20mL、30mL或50mL为一份，根据分离样品多寡而定，收集的时间间隔越短，损失越少，用小试管或小锥形瓶收集并按顺序编号。也可根据TLC检测结果，进行收集。

将收集的每一份洗脱液按编号在TLC板上点样，并用相同洗脱液展开，将 R_f 值相同者合并，浓缩-蒸干，最后进一步纯化（蒸馏或重结晶等）。

常压柱色谱技术是使洗脱剂在有限的液柱重力驱动下流过固定相，由于固定床阻力相当大而驱动力很小，这种操作需要冗长的洗脱时间，长时间的扩散作用导致色层模糊、拖尾，因此这种技术仅适用于少数易分离的样品。

6.2 干柱色谱分离技术

干柱色谱分离技术是一种改进了的色谱技术，指用填充剂干装成柱，然后进行色谱分离的一种方法。运用这种方法，可迅速地获得制备性分离，而分离效果等同薄层色谱，实际上是制备薄层的一种改进，即由薄层板改为柱状。分离条件可用薄层色谱探索，并直接用于干柱色谱。任何混合物，其中包括在湿法装的柱里不能分离的混合物，只要它在薄层上能被分离，那么就能用干柱色谱的方法有效、迅速地进行制备量的分离。用降低了活性的吸附剂进行干柱色谱，可以获得与薄层色谱同样好的分离结果。降低了活性的吸附剂比活性高的吸附剂的分离能力要强得多（为使吸附剂降低活性，宜将盛有吸附剂和适量水的圆底烧瓶放在密闭的旋转蒸发器上转动3h，使之达到平衡）。含有甾体、生物碱、类脂、酸类、胺类的混合物以及各种各样的杂环化合物在干柱上的分离都已获得成功。

干柱色谱的基本操作是在一空柱中用吸附剂填充，把待分离的混合物置于干柱的顶部，然后借助毛细作用及重力作用，随溶剂向下移动而作色谱展开。由于柱内无液流，不会形成沟流现象，因此分离的色谱明显而整齐。通常在15～30min后，溶剂到达柱的底部而完成分离。流经干柱的溶剂仅仅是出于毛细作用而产生展开的少量溶剂。

干柱色谱的本质特点是展距短（不将色谱带洗脱出柱）。展距短使色谱分离时间显著缩短、流动相用量大幅度降低，并且省去了常规洗脱液的分段收集和处理，赋予干柱色谱明显的方便性和经济性。色谱分离时间的显著缩短使干柱色谱可接受低流速的流动相。流动相的低流速和短展距减小了柱不均一性和色谱动力学对分辨率不利的影响，弥补了因展距短造成的分辨率损失，从而获得与分析 TLC 几乎相等的分离度。该方法没有洗脱液从色谱柱流出，色带明显分开。干柱色谱法所需时间短（大约 15～30min），消耗溶剂少。

6.2.1 分离条件的选择

常用的两个最重要的吸附剂是硅胶和氧化铝，而用得最多的是氧化铝，因为它具有较大的容量（可用较小的柱进行色谱分离）、较快的流速、制备适当的减活吸附剂也较易控制和重现性好等优点。粒度大小影响分离度，粒度太小流速减慢，则传质缓慢，移动相线速度缓慢，引起纵向扩散，增加洗脱时间；粒度太大，流动相来不及与吸附剂交换平衡，影响分离效果。干柱色谱中吸附剂氧化铝的粒度一般是 100～200 目或吸附剂硅胶粒度为 200～300 目较好，并将它们减活，使其活性与薄层吸附剂的活性相同。一般干柱色谱样品与吸附剂比例为 1∶(300～500)（一般薄层色谱 1∶500）。

适用于“干柱”色谱的溶剂就是在薄层色谱中使用的那种有效分离的溶剂。尽可能采用单一溶剂系统。溶剂洗脱能力增加的次序：石油醚＜己烷＜二硫化碳＜四氯化碳＜三氯乙烯＜甲苯＜苯＜异丙基醚＜二氯甲烷＜氯仿＜乙醚＜乙酸乙酯＜乙酸甲酯＜丙酮＜丙醇＜乙醇＜甲醇。

6.2.2 色谱柱的制备

对用作干法色谱柱的材料要求：有一定的强度又要容易切割；对有机溶剂惰性；价格要低廉。此外，最好还能透过短波长的紫外线，以便使无色物质也能在柱上定位检出。其色谱柱形式有玻璃柱、塑料柱（聚乙烯或尼龙柱）等。用玻璃柱装柱易装、均匀，但展开后，不能用紫外光定位（因玻璃不易透过短波紫外光），吸附剂不易倒出，柱也不易切割。如采用塑料柱，可用紫外光定位，并且易切割。尼龙柱十分柔韧，强度大，化学性质稳定，能透过紫外光，便于对已分离的诸成分进行定位、分开，适用于各种口径和长度的柱，比较便宜。可根据样品量、分离难易程度和吸附剂量选择不同材质的柱子、长度和直径等。

采用玻璃柱时，在玻璃柱或石英柱的底部置一打孔的塞及适宜的支持物（如玻璃棉或棉花），以防止柱内气泡的形成。用减活的吸附剂干法填充柱，吸附剂慢慢地、均匀地倒入柱内，同时用一橡皮槌轻击柱体。填装完毕后，待用。

填充尼龙柱时，要将适当长度的柱的一端塞入玻璃毛或小衬垫等填充物封闭，并在底部填充物上打2～3个小孔（为了排气以防止柱在填充时产生气泡）。吸附剂通过漏斗分数次倒入柱中，每装入1/3吸附剂后，可将尼龙柱从高处向低处的硬面镦击2～3次（像填装测熔点毛细管似的），使其填充致密，然后再重复上述操作，直至填充至所需高度。可用夹子将填充结实的柱子固定在支架上。

采用聚乙烯塑料柱时，也要在塑料管底部放一些玻璃棉或棉花，并扎上几个小孔。将吸附剂通过漏斗分几次装入柱内，装柱过程中不断蹾击，使之紧密、均匀，最后装到预定高度。装好的柱子应结实，能用夹子夹住。

如果展开剂必须采用混合溶剂，那么吸附剂必须预先以展开用的混合溶剂处理，否则分离效果将极差。具体操作是在吸附剂中加入一定量（一般为吸附剂重量的10%）的展开剂，然后在旋转蒸发仪上旋转3h，使吸附剂与混合溶剂达到平衡后，再按常规方法装柱。

6.2.3 样品的制备与上样

与一般柱色谱一样，液体样品可直接注于柱上，或以少量展开剂或低极性溶剂溶之，然后均匀地加在柱的顶部。固体样品可用低沸点的溶剂（如乙醚或二氯甲烷）使固体样品溶解，然后加入少量已减活的吸附剂（其量约为样品重量的五倍），在旋转蒸发器里，温度为30～40℃的条件下将其蒸干（之所以用这么低的温度，是为了避免吸附剂中水分的蒸发），最后将含有样品的吸附剂均匀置于柱顶，再覆上一层石英砂即可；当样品极少时，也可将固体样品粉末直接均匀地加在柱顶；或是用尽可能少的展开剂将固体样品溶解，然后直接注于柱上，上面再覆盖少量石英砂，待样品溶液完全浸入柱内后即可开始展开。用一分液漏斗将展开剂加入干柱，使其在柱顶保持3～5cm高度的液面。当展开溶剂抵达柱的底部，展开即完成。

当硅胶柱用氯仿或二氯甲烷展开时，如果使用尼龙柱就会出现变软凹陷现象。当采用玻璃柱或石英柱时则不会产生上述现象。乙酸会腐蚀尼龙，所以用纯乙酸做溶剂时，也应选用玻璃和石英作柱。当用丙酮作展开剂时，吸附剂不能用氧化铝，因为它会使丙酮发生二聚作用而产生双丙酮醇，这就会破坏或影响所欲分离提纯的物质。

与一般的柱相比，“干柱”所用溶剂的量是相当少的。如果所用溶剂的量正好能展开到柱的底部，那么无需照看，展开会自动停止。当采用较大口径的柱时，则管壁处化合物的移行明显地略大于柱中心处，产生了弧形区带。

6.2.4 层带的定位与分离

在分离有色混合物时，无论是用玻璃柱、石英柱或尼龙柱，均可直接观察到化合物分离的色带。若采用尼龙柱，可按色带用小刀将柱子切成段。将各段吸附剂分别放在索氏提取器中，用溶剂提取；已经切割的各部分，也可根据需要，将它们分别置于烧结玻璃漏斗中用甲醇或乙醚萃取。如用玻璃柱，也可以将柱子按色带切成段后，再按一般方法将其分开。如用石英柱，展开后，为取出已分离开的成分，必须以适当的完整状态从柱里取出吸附剂，可在柱的一端施加压力，将区带慢慢挤出，或把柱倒转过来，同时用一橡皮槌轻击柱体，使柱内的吸附剂依次慢慢滑出。

在分离无色混合物时，当采用石英柱或尼龙柱时，如采用不吸收紫外光的溶剂（苯或甲苯除外）作洗脱剂，可观测到短波紫外光照射下化合物的色带，从而使更多的化合物因产生荧光而被定位。但荧光常常是微弱的，而且一部分有机物在长波紫外光下不显示特别的荧光，很难看到，故大多数的化合物仍难以用这种方法定位。也可用一种在紫外光下能显荧光的物质作吸附剂，在吸附了物质的吸附剂部分荧光将减弱，从而定出化合物的位置。一个合适的荧光吸附剂可自行制备，即在对吸附剂加水减活的同时加入0.5%无机荧光粉，通过平衡，荧光物质在整个吸附剂系统内均匀分布。例如，采用硅胶GF254作吸附剂，紫外光下观察化合物的暗斑，分割后提取，以获得纯的组分。还可以采用在待分离样品中加入有色染料作标记物的方法，即选用 R_f 值与待分离的各组分的 R_f 值不同的有色染料作标记物，使其在展开过程中位于待分离物之间或随着待分离物，只是用其来指明分离物的位置，不必从该组分中分出染料标记物。

当上述方法无一满意时，则可利用薄层色谱上测得的 R_f 值作为判断“干柱”中所需部位的参考。在此情况下，薄层色谱与“干柱”色谱所用吸附剂的活性必须相同。按 R_f 值逐段分开，各段分别洗涤，将各段的洗涤液分别进行薄层层析，确定所需的部位，然后将相同的部分合并，以常规方法浓缩即得。

如果所有的方法都失败，那么简单而令人满意的办法是把柱切成长度一定的小段。

例如，可以用干柱色谱法分离大黄酚和大黄素甲醚。

配制0.5%羧甲基纤维素钠（CMCNa）水溶液，静置一周，取上层清液与薄层硅胶粉H，按2.5：1（质量比）配制调浆，以载玻片作为载体铺板，铺好后室温放置两天，使其干透，于110℃下活化1h，放入干燥器中，备用。

取一酸式滴定管（两端平整），一端盖一块滤纸并用橡皮筋扎紧。从另一开口端分数次加入薄层硅胶H，每次加入后在木头表面上蹾紧，有效柱长控制在50cm。用手轻拍柱顶，使硅胶顶端平整，将柱子吊在夹子上。

将提取的大黄酚和大黄素甲醚混合物约500mg，溶于最低量乙酸乙酯中，加入5倍量薄层硅胶H，拌匀，室温下挥干溶剂后均匀铺于柱顶。将现配好的洗脱剂石油醚-乙酸乙酯（15：1）置于分液漏斗中，把分液漏斗的下端插入柱顶上方5cm处，打开下端的活塞使溶剂流入柱顶，待流至液面淹没分液漏斗的下端时停止。色谱自动进行，一直展至柱底为止。展层完毕后，在色谱柱中可明显地看到两条色谱带。用刮刀将各带依次刮出，然后用氯仿洗脱，将洗脱液浓缩，再用甲醇重结晶纯化，可得黄色片状结晶和金黄色细针状结晶。

取制备好的硅胶H-CMCNa薄层板，以环己烷、乙酸乙酯、甲醇、甲酸、水（30：10：20：1：20）为展开剂，与标准品作对照，确定黄色片状结晶是大黄酚，金黄色细针状结晶是大黄素甲醚。即在色谱柱中靠下端的为大黄酚，靠上端的为大黄素甲醚。

6.3 减压柱色谱制备分离技术

减压液相色谱法（vacuum liquid chromatography，VLC）是近几年来国内外实验室迅速发展起来的新技术，它是利用柱后减压，使洗脱剂迅速通过固定相从而很好地分离样品的色谱技术，具有快速、简易、高效、价廉等优点，目前已成功地应用于有机制备以及天然产物如萜类、类酯、双萜及多种生物样品的分离。克服了经典的柱色谱费时费力，需要大量的固定相和洗脱液的不足。

减压柱色谱实质上也是柱色谱，它综合了制备薄层（PTLC）和真空抽滤技术，但不同于常压柱色谱和快速柱色谱，因为后两者洗脱剂是连续的，在操作中不会间断；而减压柱色谱进行溶剂洗脱时，在加洗脱剂后，在柱后减压下全部抽出，每一次洗脱收集一次，抽干后，更换溶剂，再进行下一个流分的收集，所以在这一点上减压柱色谱与制备薄层（PTLC）多次展开极为相似（展开一次后吹干，再展）。

与常压柱色谱和快速柱色谱相比，减压柱色谱具有以下特点：分离操作时间短，一般仅需数小时；装置简单、易得，装柱方便，且要求不高；分离效果好，这主要是由于固定相的细小颗粒（平均 10μm）、较大的表面积（$500m^2/g$）和合理的装柱方法的原因；处理量大，分离几十克的样品，仍能以较快的速度完成，特别适用于频繁的梯度淋洗，并可使固定相抽干，这是快速柱色谱和常压柱色谱无法做到的；可以作为进行 HPLC 分离前的较理想的预处理方法。该方法不足之处：在使用低沸点溶剂（如石油醚）时，要严格控制好真空度，防止大剂量溶剂挥发。

6.3.1 色谱条件的选择

常采用 TLC 用硅胶（60H 或 60G）、Al_2O_3（10～40μm）、聚酰胺等作吸附剂。

对于微量分离，样品＜100mg，可采用直径为 0.5～1cm 色谱柱或漏斗，吸附剂高度为 5cm，一般吸附剂与样品比例为（10～15）：1；对于 0.5～1.0g 样品，可采用直径为 2.5cm 色谱柱或漏斗，吸附剂高度为 4cm 较合适；对于 1～10g 样品的分离，可采用直径为 5cm 色谱柱或漏斗，吸附剂高度为5cm；较大样品分离，最好采用在250mL砂芯漏斗中进行。吸附剂的高度为5cm（如图6-2）。加大吸附剂与样品比例[(30～300)：1]，可提高分离度。

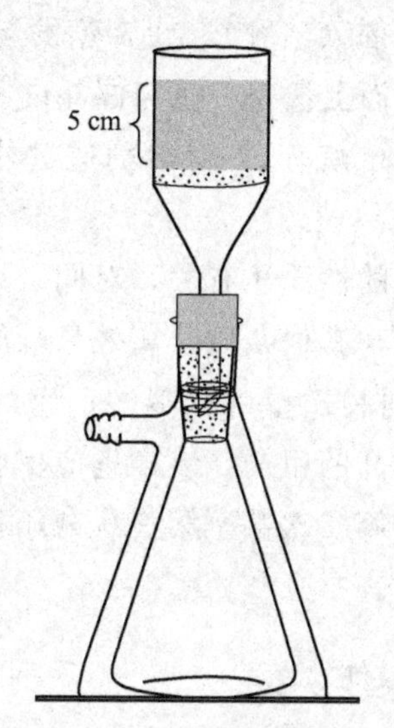

图6-2 实验室小规模的减压液相色谱法装置

6.3.2 色谱柱的制备

干法装柱法：在抽气状态下把干燥的、薄层色谱用的硅胶吸附剂装入漏斗或短柱中至距其上边缘约10cm处。用软木塞轻敲其外壁，使吸附剂装填均匀或从顶端挤压，直至吸附剂紧密，最后变得坚硬。吸附剂的高度一般不超过5cm。常压下加入低极性溶剂于吸附剂表面上并保持液面覆盖柱子直至使整个柱子润湿，然后，减压使溶剂均匀流过吸附剂。停止抽气，用干净的玻璃塞将润湿的柱子均匀压实。如有空隙，需要重装。使柱子抽干后，加入低极性溶剂再重复1～2次，当柱子填充好以后，在硅胶的顶部加入石英砂作为保护层，砂层需要填充得比较平整，即可准备上样。

6.3.3 样品的制备与上样

用低极性溶剂或洗脱剂（如石油醚、正己烷）溶解样品，样品中所含溶剂量应尽可能少，且其中所含溶剂的极性亦应尽可能小，加样应在没有抽气的条件下进行，用滴管小心地将此溶液均匀添加到柱顶端硅胶表面，再加入洗脱剂或溶剂覆盖吸附剂表面，慢慢减压，使样品完全均匀地分布在石英砂下的一薄层硅胶中。可也采用固体上样法：即先将样品溶于极性溶剂，加入5～10份吸附剂（硅胶），旋转蒸发至干后，均匀分布于硅胶柱床表面上，并在样品表面上覆盖一张与漏斗内径相同的滤纸，缓缓加入一定量的低极性溶剂（如已烷等），待溶剂透过柱床后，开始减压抽干柱床，得第一流分。

装样量与待分离样品的性质还有关，对同一型号的减压柱，如果粗样在薄层色谱时待纯化组分与其他杂质分离效果颇好，特别是所需组分与其他杂质的 R_f 差值较大，则装样量可稍多些；而对于薄层色谱时分离效果很不理想，且杂质含量很高的粗样，装样量应少些；对于极难分离的样品可先进行粗提纯，再进行第二次甚至第三次减压柱色谱，直至得到所需含量的目标产物。

6.3.4 洗脱与分离操作

根据TLC结果来选择洗脱剂，用适当溶剂系统洗脱或用梯度洗脱。待样品中所含溶剂被完全抽干后，停止抽真空，在常压下，加入第一份洗脱剂，然后减压将柱抽干，收集为一个流分。抽干后再更换容器，并继续用极性增大的溶剂洗脱，重复以上操作。在没有接收液流出之前，所加入洗脱剂的量可相对少些，柱中的洗脱剂前沿稍先于第一组分在柱中的前沿即可，这样既可节省洗脱剂又可节省洗脱时间。每份洗脱剂的量可根据所加入样品的量，在8～30mL范围内变化。采用图6-2的方法，用底部为磨口的开口式抽滤瓶，减去负压后，更换接收瓶，可避免每一流分拆卸漏斗。选取合适的收集用试管或锥形瓶等有种简单的方法：将硅胶体积除以4，然后选取能装下这个体积的接收器就可以了。真空度要求20～70mmHg。

洗脱时，用TLC跟踪每一个流分的分离情况，可根据样品薄层时的结果，考虑是否采用梯度洗脱，即洗脱过程中根据需要改变洗脱剂中组分的比例，从而使洗脱剂的极性不同。该法更适用于梯度洗脱，可用二元、三元混合溶剂系统。一般先用极性较小溶剂，如石油醚、正己烷、环己烷，然后逐渐加大极性（CH_2Cl_2、Et_2O、AcOEt、CH_3OH），极性溶剂的增加开始要缓慢（1%、2%、3%等），然后增加的幅度可逐渐增大（5%、10%、20%等），通常收集20～25个流分可将所有成分洗脱。

例如，可以利用快速低压干柱柱色谱来分离提纯刺苋。将1#砂芯漏斗装在抽滤瓶上，在抽气状态下把干燥的、薄层色谱用的硅胶吸附剂倒入漏斗中至距漏斗上边缘约10cm处。用软木塞轻敲漏斗外壁，使吸附剂装填均匀。将起始溶剂（或吸性次之的溶剂）倒入漏斗，并保持液面覆盖吸附剂直至使整个吸附剂形成的柱子润湿。停止抽气，用干净的玻璃塞将润湿的柱子均匀压实。

刺苋干品10g以二氯甲烷冷浸，提取液浓缩成浸膏。取此浸膏0.03g用快速低压干柱柱色谱方法进行分离纯化。通常样品并不完全溶于起始溶剂，可先使之成为均匀的混浊液，再加入一些较细的硅胶或硅藻土粉末，在旋转蒸发器上使之接近干燥。然后，将所得样品固体倒在柱子上，略压实。剪一块直径小于漏斗内径的滤纸盖在样品上，以保护样品不致被洗脱液冲刷。用石油醚-乙酸乙酯梯度洗脱。逐份加入洗脱液，梯度洗脱，顺序接收各流分。用TLC分析各流分，根据其表现合并相同流分，浓缩，干燥，即可得到不同的组分。

6.4 快速柱色谱分离技术

应用普通柱分离法解决了所制备化合物不能用重结晶、分馏、蒸馏等方法分离纯化的问题。然而传统的柱分离往往非常耗时。同时伴随着时间的增长，易造成拖尾现象而降低收率，长时间在吸附剂中也易使敏感的化合物分解。快速柱色谱（flash column chromatography，FCC）是一种快速而且（通常是）容易分离复杂混合物的方法。因为是用压缩空气将溶剂推过柱子，故称其为快速柱色谱。快速柱色谱可克服普通柱分离的缺陷，它具有快速省时、分离效率高、简单易行的优点，所以国内外实验室基本都倾向于用此法。压力可以增加洗脱剂的流动速度，减少产品收集的时间，但是会减低柱子的塔板数。所以其他条件相同的时候，常压柱是效率最高的，但是时间也最长。加压柱是一种比较好的方法，与常压柱类似，只不过外加压力使洗脱剂走得快些。压力的提供可以是压缩空气、双连球或者小气泵。压力不可过大，溶剂走得太快就会减低分离效果。加压柱在普通的有机化合物的分离中是比较常用的，特别适用于分离容易分解的样品。对于0.01～10g的样品，$\Delta R_f > 0.15$的情况下，在10～15min可快速得到分离。

6.4.1 色谱条件的选择

选用粒度为230～400目的硅胶为吸附剂。粒度过大、过小都会使分离难度增加。通过TLC试验选出能使被分离组分间R_f差值最大的展开剂（通常为二组分或多组分），再进一步调整展开剂中组分间的比例，使被分离成分R_f值在0.35左右、$\Delta R_f > 0.15$（$\Delta R_f \geqslant 0.1$时，上样量小也能分离）。按经验，此时的TLC展开剂就是最佳的洗脱剂。对于简单的分离，通常要求硅胶和化合物两者的比例为（30～50）∶1（重量比）；但对比较困难的分离，需要的比例高达120∶1。

色谱柱的选择与样品的处理量和分离难度有关。当样品数量较多、分离难度较大（相邻组分的ΔR_f较小）时需选用较粗大的柱以填装较多的硅胶，经验表明，在各种不同直径的柱中硅胶的最佳填装高度都是150mm左右，这表明对于一定量的硅胶来说，宁可填装在稍为短而粗的柱中，这样不仅填装容易，柱的压力降减小，而且可以降低“壁效应”而获得较好的分离效果。

6.4.2 色谱柱的制备

选定了分离柱后，需要堵住活塞底端以避免硅胶的流失。通常，用一小团棉花或者毛玻璃加一根长玻璃棒即可完成。检查并确定柱子是否完全垂直，倾斜的柱子不利于分离。关上活塞并且加上部分洗脱液。用漏斗向分离柱中加入一些海砂（干燥并且经过洗涤的），目的是在柱底塞堵物上铺一薄层砂（不超过1cm），这样可以避免硅胶落入收集瓶中。

考虑到要用大量挥发性溶剂，以及干燥硅胶对于健康的危害，应该在通风橱中填充分离柱和进行柱的操作。

量取合适量的硅胶，最安全的方式是在通风橱中量取。硅胶的密度大约是0.5gcm^3，因此可以直接用锥形瓶量取（200mL约为100g）。不要让硅胶的体积超过烧瓶的1/3，因为还要在其中加入溶剂。在刚量取的硅胶中加入至少1.5倍体积的溶剂，将其制成浆状，用力振荡和强烈搅拌，使

其充分混合，并且除去硅胶中的气体（气泡的存在将会使分离柱的效率大打折扣）。用漏斗小心缓慢地将浆状物移入装有部分溶剂的分离柱中，注意不要破坏下面的沙层。在灌浆的过程中不时地停下来并且摇动浆体，以确保硅胶混合均匀。灌浆结束后，用洗脱液反复冲洗烧瓶几次，用滴管和洗脱液将黏附在柱子顶部边缘上的硅胶冲洗到溶剂层中。当所有的硅胶都被洗离柱壁，打开活塞，用压缩空气给柱加压。柱内的硅胶将会压缩到原来高度的一半左右，将余下的溶剂硅胶混合物加入到分离柱中。检查以确保柱子的顶段平坦，如果不平，必须重新搅拌，然后沉降下来。加入过量的洗脱液，在加压下，用橡皮塞轻轻地敲打柱子，这将使硅胶颗粒填充得更加紧密。收集从柱子中流出的所有洗脱液，在加入化合物之后可重复使用。在装柱和展开过程中，切记不要让溶剂液面低于填充层。当柱子填充好以后，在硅胶的顶部加入砂子作为保护层。砂层需要填充得比较平整，厚度约在2cm。这样在添加溶剂时起到保护柱子的作用，当溶剂加入过快时，如果没有砂层的保护，溶剂可能会破坏填充硅胶的平整的表面（因此影响分离效果）。在溶剂还没有达到砂层之前，可以用压缩空气促使溶液层下降。

6.4.3 样品的制备与上样

确定用于样品上柱的方法，可有以下三种选择。

（1）净试样法　如果样品是非黏性油状物，使用净试样法最为容易。可以用一个长的滴管将液体引入柱中，然后用预先确定的溶剂体系进行淋洗，把所有组分洗入柱子中。

（2）溶液法　净试样法有时可能会引起分离柱断层。因此，对于液体和固体，更为普遍的方法是将样品溶于溶剂中，然后将溶液加入分离柱。混合物中所有组分在该溶剂体系（通常是戊烷或己烷）中 R_f 为0是最好的，也可选用那种只移动混合物中一个化合物的溶剂，或者可以用所选择的洗脱液。但后面这两种选择对于混合物复杂的分离纯化是有风险的。

（3）硅胶吸附法　是将化合物沉积（吸附）到硅胶上，这对部分液体和所有固体都是适用的。首先，在一圆底烧瓶中将混合物溶解在合适的溶剂中，加入硅胶（硅胶的质量大约是化合物质量的两倍）。在旋转蒸发仪上浓缩该溶液。注意：硅胶是非常细的粉末，很容易被吸入旋转蒸发仪中。用玻璃毛或脱脂棉塞住接头或泵的保护装置，以防止固体被吸入泵中，快速转动亦可以避免这个问题的出现。当固体干燥的时候（多数固体从容器壁上脱落，说明固体已经干燥），从旋转蒸发仪上卸下烧瓶，用干净的刮刀从壁上刮下固体。然后用漏斗将这部分固体加到分离柱的顶端，再用洗脱液淋洗（每次1.5mL）。

小心地向分离柱中加入待分离物，当添加液体时，确保是沿柱子的壁面加入，而不要直接滴加在柱内填充物的顶端。当冲洗含有混合物的烧瓶时，小心地一次性地将满满一滴管淋洗液加到分离柱中。然后打开活塞，当液体下降到填充物的顶端时关掉活塞。如此冲洗烧瓶三次。对沉积在硅胶上的混合物，还要再加2cm厚的保护砂层。

6.4.4 洗脱与分离操作

小心地向分离柱中加满洗脱液。开始时可以用滴管滴加溶剂，当加入了1cm高度的溶剂之后，最好打开活塞。继续用滴管滴加溶剂，直到溶剂高于柱内的填充层几厘米。然后就可以通过一个漏斗从锥形瓶中加入溶剂了，缓慢地让它沿柱子壁加入，不要破坏柱内填充物的顶端。

当把洗脱液装满分离柱之后，就可以开始“过柱”了。一开始不要加压，等溶样品的溶剂和样品层有一段距离（约2 cm）后，再加压。调整空气压力使达到一个合适的流速［由实验证实，使用硅胶（230～400目）作为固定相，流速约为10cm/min时，可得到最好的分辨率］。保持压力，在收集试管装满后换上一支新的试管。在展开过程中切记不要让溶剂液面低于填充层，应随时向柱内补充溶剂。

在混合物比较复杂的情况下，可能需要借助梯度洗脱的方式，在纯化洗脱的过程中不断提高溶剂的极性。当操作梯度洗脱时，先用一种溶剂以保证具有较大R_f的化合物先从柱中被洗脱。当该化合物被洗脱到收集烧瓶之后，便可以更换一种极性更大的溶剂继续洗脱。注意：逐步提高溶剂的极性。过于急速的极性变换可能会使硅胶分裂，柱内的填充层出现裂缝。因此，以每100mL（或更多）溶剂中增加5%左右的极性，直至达到所希望的溶剂。然后，用该种洗脱液洗脱，直到目标化合物被洗脱出来。然后可以继续更换洗脱液或者直接进行下一步，直到确定所有目标化合物都已经从柱内被洗脱。

用TCL跟踪柱子的分离进程。一边收集样品，一边用薄层色谱来确定哪个试管中含有所需的纯样品，将相似纯度的组分合并放在大的圆底烧瓶中，并用旋转蒸发仪进行浓缩。对于费时较长的柱子，可在柱分离过程中就合并流出的组分，以加速进程。

参考文献

[1] 洪筱坤，王智华，曾一译. 层析理论与应用. 上海：上海科学技术出版社出版，1981.

[2] 王慧春，张成总. 干柱层析法分离大黄酚和大黄素甲醚. 青海大学学报（自然科学版），2006，24：59.

[3] 胡高云，王书玉，刘维勤. 干柱层析的一点改进. 中国医药工业杂志，1990，12：42.

[4] 王宇辉，曾庆榭. 常压干柱层析分离甾体抗孕酮药物的改进. 华西药学杂志，1991，6：178.

[5] 马育，杨晓兰，黄维，景淑华，汤先觉，戴月. 氧化铝干柱层析固相萃取测定血中吩噻嗪类药物含量. 第三军医大学学报，2006，7：872.

[6] 秦箐. 快速低压干柱柱色谱技术的改进及其在刺苋分离提纯中的应用，蛇志，2000，12：76.

[7] Loev B，Goodmann M. Dry—column chromatography：a preparative chromatographic technique with the resolution of thin-layer chromatography. Chem Ind，1967，12，2026.

[8] Still W C，Kahn M，Mitra A. Rapid chromatography technique for preparative separation with moderate resolution. J. Org. Chem.，1978，43：2923.

[9] Leopold E J. Vacuum dry cloumn chromatography. J. Org. Chem.，1982，47：4952.

[10] 利群，赵晨，张滂. 快速吸附柱层析. 大学化学，1986，1：41.

[11] 陈海生. 关于制备柱层析应用的几个问题. 药学情报通讯，1991，9：67.

[12] 凌仰之，徐春芳，刘维勤. 闪式柱层析. 医药工业，1986，16：43.

[13] 王哲清. 快速柱层析的应用. 中国医药工业杂志，1993，24：92.